创造的动力

天才、疯子与精神病

[英]安东尼·斯托尔（Anthony Storr） 著

杨洁 译

图字：01-2023-4893

Copyright © The Estate of Anthony Storr,1972
This edition is published by arrangement with Peters, Fraser and Dunlop Ltd.through Andrew Nurnberg Associates International Limited Beijing

图书在版编目（CIP）数据

创造的动力：天才、疯子与精神病 /（英）安东尼·斯托尔著；杨洁译.
-- 北京：东方出版社, 2024.8. -- ISBN 978-7-5207-4009-8
Ⅰ.G305

中国国家版本馆 CIP 数据核字第 20248DL876 号

创造的动力：天才、疯子与精神病
(CHUANGZAO DE DONGLI：TIANCAI、FENGZI YU JINGSHENBING)

作　　者：	[英] 安东尼·斯托尔
译　　者：	杨　洁
策划编辑：	鲁艳芳
责任编辑：	黄彩霞
出　　版：	東方出版社
发　　行：	人民东方出版传媒有限公司
地　　址：	北京市东城区朝阳门内大街 166 号
邮政编码：	100010
印　　刷：	三河市冠宏印刷装订有限公司
版　　次：	2024 年 8 月第 1 版
印　　次：	2024 年 8 月北京第 1 次印刷
开　　本：	700 毫米 ×1000 毫米　1/16
印　　张：	15.5
字　　数：	214 千字
书　　号：	ISBN 978-7-5207-4009-8
定　　价：	69.00 元

发行电话：（010）85924663　85924644　85924641

版权所有，违者必究

如有印装质量问题，我社负责调换，请拨打电话：（010）85924725

目　录

第一章　　矛盾的弗洛伊德　/ 001

第二章　　作为愿望满足的创造性　/ 013

第三章　　艺术家的自觉动机　/ 027

第四章　　作为防御的创造性　/ 039

第五章　　创造性与分裂型人格特征　/ 049

第六章　　宇宙的新模型　/ 059

第七章　　创造性与躁狂-抑郁气质　/ 073

第八章　　创造性与强迫型人格特征　/ 089

第九章　　创造性与游戏　/ 109

第十章　　游戏与社会发展　/ 123

第十一章　艺术具有适应性吗？　/ 133

第十二章　人类的内心世界：起源和作用　/ 147

第十三章　神圣的缺憾　/ 159

第十四章　饱满的热情　/ 171

第十五章　创造性自我及其对立面　/ 183

第十六章　天才与疯子　/ 199

第十七章　对同一性的探索　/ 213

第十八章　整合的象征　/ 225

后　　记　/ 237

第一章

矛盾的弗洛伊德

在世界各地，一本正经的企业管理者们正在放弃理性的思考，让想象力自由地驰骋，他们不再对自己或同僚的各种构想横加批判，而是热衷于所谓的"头脑风暴"。他们希望可以唤醒自己内心非理性的部分，从而获得灵感，为困扰自己的各种问题找到"创造性"的解决方案，哪怕这并不比发明一种新的开罐器更为重要。在中小学和大学里，有关"创造性思维"的课程正在迅速增加。教师们都希望能够发现和培养学生的创造力。心理学家们设计了各种评估、测试创造力的工具，研究机构和基金会也致力于相关的研究。《创造性行为杂志》（*The Journal of Creative Behavior*）1967年首次发行时，就立即吸引了5000名订阅者。创造力实际上已经成为一种时尚，心怀热烈希望的父母们不再祈愿自己的孩子聪慧过人、成绩优异，而是急切地鉴别孩子是否具有创造力——他们被灌输的理念是，创造力基本上与智力毫无关联。

不过，人们对创造力如此推崇备至是否合理呢？或许我们可以认为，当发现孩子在创造力方面表现平平的时候，父母反而会如释重负，因为许多富有创造力的人士称，驱使自己进行创造的动力来自痛苦，而不是满腔的喜悦和热情。例如，西默农（Simenon）是迄今为止最多产和成功的作家之一，但他却声称"写作并非一种职业，而是一份毫无乐趣的工作。我认为艺术家永远都不会快乐"。我们不难将他的声明与其他创作者的类似言论联系起来。此外，弗洛伊德在《精神分析引论》(*Introductory Lectures on Psycho-Analysis*)第23章中对于艺术家的论述，可能会让所有发现自己的孩子毫无创造天赋的家长暗自感到庆幸。他这样写道：

> 艺术家本质上同样有一种反求于内的倾向，与神经症患者相差不远。他受到极为强烈的本能需要的驱使，一心想要追逐荣誉、权力、财富、名望和女性的青睐，却苦于找不到满足这些愿望的途径。于是，他像其他愿望无法得到满足的人一样脱离现实，将自己的兴趣和力比多[①]投入一厢情愿的幻想世界，其中一条腿已经迈上了神经症的道路。

如果弗洛伊德对于创造力的这一理解是正确的，那么我们最好对其敬而远之，因为脚踏实地总要胜于活在虚幻之中，而"找不到满足这些愿望的途径"必定是一种令人唏嘘的境况。

然而，即使弗洛伊德和西默农等发表过这些看法，现在的人们仍然对创造力趋之若鹜。人们进行了大量研究和推论，致力于研究创造的过程是如何发生的，但并未关注创造者自身的动机。匈牙利裔英籍作家亚瑟·库斯勒（Arthur Koestler）旁征博引的著作《创造的行为》(*The Act of Creation*)就是如此。尽管在书中的几个章节里，他确实谈到了科学家和艺术家的动机，但是大部分内容都在阐述"异类联想"（bisociation）这个概念，即大脑如何把不同的想法整合成新的见解。此外，他对大脑和神经系统的分层结构进行了颇有价值的论述。

同样，通过心理测试、访谈、问卷调查等方式对富有创造力的人进行研究之后，我们可以发现并罗列出他们的各种特征。这些特征虽然很有意思，但似乎并不能揭示是什么促使他们充分发挥了自己的创造性天赋。众所周知，有些人是天纵英才，却白白浪费了自己的天赋；有些人孜孜以求造就惊世之作，却又缺少这样的天分。

[①] 力比多（libido），基本含义是表示一种性力、性原欲，即性本能的一种内在的、原发的动能、力量，是弗洛伊德"性欲论"的重要内容之一，也是精神分析学派的重要理论。

精神分析在根本上关注的是驱力（drive）和动机，因而可能会更清晰地揭示出创造性人才背后的推动力是什么，然而，我们的这种期待并未成为现实。许多精神分析学家，包括弗洛伊德本人，都对艺术作品和艺术家本人进行了详细的研究，这类研究往往会引起人们浓厚的兴趣。在审视一位创作者的作品时，我们经常可以看到一些反复出现的主题和关注点，而这让他的精神病理状况一览无遗。伯纳德·迈耶（Bernard C. Meyer）为英国作家康拉德（Conrad）撰写的精神分析传记，就是一个特别有说服力的例子。作者论证了康拉德有各种恋物癖，并且他认为女性是强势的。他执着于塑造身体强健而又少言寡语的英雄形象，是因为他年幼时得过重病，身体羸弱。母亲在他7岁时去世这件事对他产生了深远的影响，这种影响在他的人生和作品中都是显而易见的。对康拉德的精神病理分析是引人入胜的，任何一位康拉德小说的研究者，都不会忽视从精神分析角度对其进行的研究。

然而，在康拉德的精神病理状况与他选择作家这一职业之间，并不存在明确的关联。很多人存在与之类似的心理状况，却并未走上写作的道路。如果我们抛开上下文，对弗洛伊德《精神分析引论》中的那段引文进行单独考虑，其解释似乎不够成熟。我们不能直接认定，艺术家只能在幻想中获得本能冲动的满足，即使这的确可以为我们提供部分解释。贝多芬或托尔斯泰的伟大作品与手淫式的幻想不可同日而语，哪怕性驱力（sexual drive）对他们的作品的确有所贡献。正如人们经常指出的，对艺术作品进行精神分析式的解读存在着两方面问题：精神分析无法区分艺术的优劣；更重要的是，它无法指出艺术作品与神经症症状有何区别。

当然，弗洛伊德意识到了这一点，没有什么比他自己的言论更能说明，他对艺术家的态度是摇摆不定而又自相矛盾的。在他的这些言论中，既有诋毁，又有奉承，观点彼此对立，毫无逻辑关系。例如，我们可以将前面那段引文与弗洛伊德《詹森的〈格拉迪沃〉中的幻觉与梦》（*Delusions and Dreams in Jensen's Gradiva*）中的这段话进行对照：

不过，富有创造力的作家都是些可贵的盟友，他们所提供的证据应该得到高度的肯定，因为他们知道发生在人与天之间的众多事情，这些事情单凭传统哲学是无法想象的。他们对人类意识的了解远远超过了我们这些凡夫俗子，因为他们的素材来源是正统科学所不具备的。

弗洛伊德本人对艺术的兴趣主要集中在诗歌上，而厄内斯特·琼斯（Ernest Jones）指出，当弗洛伊德写到"艺术家"时，"他想到的主要是具有创造力的作家"，虽然在他对艺术家进行的研究中，最著名的是《米开朗基罗的摩西》（*Michelangelo's Moses*）这篇论文和关于达·芬奇的著作，而不是《陀思妥耶夫斯基与弑父者》（*Dostoevsky and Parricide*）以及对莎士比亚和易卜生作品进行的分析。事实上，弗洛伊德不止一次提到，精神分析无法对创造力进行解释。"它既无法阐明艺术天赋的本质，也无法对艺术家进行创作的方式——艺术的技巧——进行任何说明。"在《弗洛伊德自传》（*Autobiographical Study*）中，他这样写道。而在《陀思妥耶夫斯基与弑父者》这篇论文的开头，他是这样写的："我们可以把陀思妥耶夫斯基丰富的人格分为四个方面：富有创造力的艺术家、神经症者、道德家和罪人。我们应该如何去理解这样一种令人困惑的复杂人格？"

"富有创造力的艺术家这一点是最毋庸置疑的：陀思妥耶夫斯基的地位几乎可以与莎士比亚相提并论。《卡拉马佐夫兄弟》（*Brothers Karamazov*）是有史以来最优秀的小说，其中《宗教大法官》（*Grand Inquisitor*）这一章是世界文学的巅峰之作，担得起任何溢美之词。在创造性艺术家这一点上，唉，精神分析实在是没有用武之地。"然而，弗洛伊德并没有真正像他所宣称的那样放弃分析。尽管他并未试图对艺术手法进行解释，但他坚定不移地认为艺术作品是升华的产物，因而它们源于原始的性冲动，可能还有攻击性的本能冲动，并最终成为这些冲动的替代品。通过升华这个过程，原本属于本能的能量以非本能的方式被置换

（displacements）和释放。因此，想要展示身体，尤其是生殖器的原始愿望，可能会被"升华"为社会更能接受的"炫耀"方式：例如公开露面或演讲，或者创作可以代替艺术家本人被展出的艺术作品。安娜·弗洛伊德（Anna Freud）在《自我与防御机制》（*The Ego and The Mechanism of Defence*）一书中，将"升华"定义为"本能为了符合更高的社会价值观而进行的置换"。她还指出，升华"更加适用于对正常人而非神经症患者进行研究"。对于后面这句话，我将在下文再次进行讨论。

精神分析会阻碍艺术家取得成就，还是能为他们提供帮助？对于这个棘手的问题，厄内斯特·琼斯进行过探讨，这再次反映了精神分析对于创造力的不安与矛盾心理。在为弗洛伊德撰写的传记中，他讨论了弗洛伊德对艺术的态度："我们现在已经对许多优秀的艺术家进行了分析，并且得出了确定无疑的结论。当从事艺术创作的冲动是真实的，那么通过分析，艺术家就可以获得更大的自由，因此其创作的能力会得以增强。但是，如果成为艺术家的愿望只是被神经症的或者无关紧要的动机所驱使，那么分析可以对这种状况有所澄清。"

对"神经症的"艺术冲动和"真实的"艺术冲动进行区分真的如此轻而易举吗？人们可能会大胆地对此表示怀疑。当然，正如我们之前所说，很多人几乎没有天赋，他们既艳羡那些艺术家，又徒劳地试图模仿他们。如果对这些人进行分析，他们可能会幡然醒悟，不再白费力气。正如弗洛伊德在写给一位记者的信中所说："分析可能会让人无法继续进行艺术活动。然而，这并不是分析的错，在任何情况下都有可能发生这件事，并且，在适当的时候了解到事情的真相，只会对我们有所裨益。"我们无疑会赞同这个观点，虽然弗洛伊德并未提及与此相反的情况，而这种情况或许也并不鲜见——另外有一些人，他们具有潜在的艺术天赋，但由于缺乏他人的认可或者总是遭受打击，他们始终未能发挥自己的天赋。这类人很可能和那些自命不凡却资质平平者一样为数众多。弗洛伊德接着写道："另一方面，当艺术冲动比内在的阻抗（resistance）更为强烈时，分析将增进而不是削弱人们取得艺术成就的能力。"

至少从两个层面来看，这是一个有趣的说法。在精神分析中，"阻抗"这个词一般是指患者对分析师的解释表现出抗拒。大多数人都不愿意承认，自己的行为在很大程度上根源于原始的、通常是幼儿期的性冲动和攻击冲动。然而，弗洛伊德的评论似乎是在暗示，艺术冲动是自成一体的。他提到艺术冲动有时比内在的阻抗更为强烈，由此可见，他把艺术冲动与本能相提并论，或者至少他并未简单地把艺术冲动归结为幼儿期的性冲动或攻击冲动。但是，在上文中我们提到，弗洛伊德确信艺术作品是升华的产物，由此我们可以推断艺术冲动必定源于本能。一般认为，这些本能冲动起源于幼儿阶段，即难以在文明的成人生活中直接被表达的"前生殖期"（pregenital）冲动，其中包括口唇期、肛门期和性器期的冲动。在西方文明中，某种程度的升华是成为"正常人"的前提条件，因此我在上文中引用了安娜·弗洛伊德的观点。不过按照弗洛伊德的看法，艺术家必定不同寻常地过分重视幼儿期性欲，或者在获得"生殖力"（genitality）或性成熟方面遭遇过某些挫折，否则他们为何需要这种特殊的、隐藏在艺术冲动背后的升华呢？

既然精神分析的目标之一就是帮助人们摆脱幼儿期性欲，并将这些童年期的残留与统领一切的生殖冲动融合，从而获得满足，那么我们就无法理解为何在接受成功的精神分析之后，艺术家们的艺术冲动不会被消解。奥托·费尼切尔（Otto Fenichel）明确地提出，这是因为病人在接受精神分析治疗之后，会部分地放弃升华。"但是从量的角度来看，升华在削弱和调整神经症的本能方面不如充分的性满足更有效。"弗洛伊德的论述并未言明，为什么哪怕艺术家具有"真正的"艺术冲动，精神分析也会增进其取得艺术成就的能力。基于他和其他分析师所提出的理论依据，我们会认为这种能力将被削弱。

《文明及其缺憾》（*Civilization and Its Discontents*）中的这段话进一步证实了弗洛伊德对于升华和艺术家创作的态度是自相矛盾的——这本书的标题本身就令人深思。他写道：

防止痛苦的另一种技巧就是利用力比多的置换，我们的心理器官允许进行这种置换。通过这种置换，心理器官的功能就可以在灵活性方面获得极大的增强。现在的任务就是想方设法改变本能的目的，使其不再遭受来自外部世界的挫折。在这一点上，本能的升华起到了辅助作用。如果人们能大量增加从心理活动和智性活动的根源中产生的快乐，他们就能收获最多。如能这样，命运也会对人无能为力。艺术家在进行创作和表达幻想的过程中得到快乐，科学家在解决问题或发现真理的过程中感到快乐。这类满足有一种特殊的属性，总有一天我们可以用元心理学的（metapsychological）语言揭示其特点。目前，我们只能用形象化的语言来说明这样的满足似乎"更美好、更高级"。但是，与原始的、初级的本能冲动获得的满足相比，它的强度就显得微弱了；它不能对我们的生理存在产生震撼作用。这种方法的弱点在于，它不能被人们普遍采用，只有一些人能采用它。它设定了一个先决条件，即人们必须具有特殊的性格和天赋；而从任何实际的角度看，这些条件远远不是任何人都能获得的。即使对那些的确具有这些条件的少数人而言，这种方法也不能彻底保护他们免受痛苦的折磨。在命运射出的箭雨中，它无法打造不可穿透的盔甲，而当痛苦的根源就在自身时，它通常会失去功效。

众所周知，弗洛伊德本人非常有创造力，而他41岁的时候，在给一位朋友的信中写道："对我来说，性兴奋已经没什么用处了。"看来，在随后42年的生命中，他都无法再享受性的愉悦，对此我们只能表示遗憾。尽管弗洛伊德对文学、雕塑和建筑都充满热情，但他认为，从艺术创作或欣赏中获得的愉悦感远不及性高潮带来的快感。其中当然隐含着这样的假设，即这种乐趣是"真实快感"的替代品或者一部分，而后者在性行为或者前戏中表现得更加淋漓尽致——分析师总是把前戏作为对"前生殖期"冲动进行精神分析的资料库。正如我们经常观察到的那样，弗洛伊德对文明的看法本质上是负面的。他认为对于天性自由的人类来说，文明是一种必要但却不受欢迎的约束，会妨碍他们追求幸福，而不是为他们提供性欲之外的获得愉悦的其他途径。此外，哪怕是获得有限的、并不充分的满足，即弗洛伊德所承认的"艺术家在进行创作……科学家在解决问题或者发现真理的过程中"所获得的快乐，也是有限制条件的，而在弗洛伊德看来，这些条件无疑是相当苛刻的。其实，我们并不需要成为那些为数极少的原创者，就能够从许多事物中获得充分的满足，在弗洛伊德的眼里，这无疑是一种升华。比如，对很多缺少创造天赋的人来说，从体育运动中感受到乐趣就有着极其重要的意义。还有一个类似的例子，就是年轻人通过流行音乐释放自己——无须精神分析学家加以肯定，我们就知道这显然带有一部分性的因素。当然，美满的性生活是人类获得幸福的重要源泉，但是，性就如同对国家的热爱一样，总是"没有止境的"，并且本书的主题之一就是，由于精神分析的影响，我们对性寄予了过高的期望。

在简要地回顾弗洛伊德关于艺术家的精神分析论述之后，我们发现了其中的自相矛盾之处，而这些矛盾在厄内斯特·琼斯关于美学欣赏的评论中并没有被解决。他写道：

> 我赞成他们（艺术家）的观点，他们认为美学欣赏高于无意识的幻想，并且比人类的其他兴趣离我们的本能更远，纯数学可能是个例外；换而言之，美学欣赏可能代表着去性欲化（de-sexualization）的一个典范。然而，敬而远之并不意味着神秘莫测。考虑到在五种艺术形式中所使用的材料——颜料、黏土、石头、语言和声音，任何一位心理学家都必须得出这样的结论：这种从混乱中找到秩序的热情必定同时意味着幼儿期原始性欲的巨大升华以及对这种愉悦的全然否定。用精神分析的术语来说，这种充满热情的专注代表了在"初始快感"阶段的固着（fixation）。

按照这种说法，艺术家在其艺术作品中升华了幼儿期性欲。然而，弗洛伊德和琼斯都否认，让艺术家意识到自身有关幼儿期性欲的冲突，从而至少打开一扇通往更为成熟的性欲表达的大门会损害他们的创造力。或许有人会说，精神分析学家在内心深处并不真正相信人类可以达到高度的性成熟，以至于没有任何需要升华的前生殖期性欲的残留——这是一个让人深感同情的观点。但是，即使有人确实抱有这一观点，他们也没有明确地表达出来。总是存在着这样一种根深蒂固的假设：所有早期冲突都可以被解决或者应当被解决，人类的一切情绪问题都会在一次次暴风骤雨般的性高潮释放中烟消云散。而人们从未承认过这样一种可能性，即性无法让人类获得全部的满足，甚至无法让他们获得适当的满足。

创造性人才确实在他们的作品中升华了其前生殖期性欲，这一点是毫无争议的。我们可以引用汉拔托·尼加拉（Humberto Nagera）博士对文森特·威廉·梵高（Vincent Willem van Gogh）的研究，借此说明精神分析学家是如何运用他们的洞见来解释创造力的。他提出，梵高"无意识地将绘画和自慰等同起来"。他这样写道：

> 在无意识层面，他似乎认为自慰破坏了他的男性尊严，破坏了他建立家庭的想法和能力，也破坏了他的性能力。绘画代表了他对自慰冲突和性欲冲突进行升华的尝试，也是这些冲突的替代和象征……对梵高来说，绘画是一种特别适合的载体，因为它可以代表他性欲的关键组成部分，包括性器期的创造性努力和强烈的肛欲。油画历来被认为是让被禁止的肛欲冲动获得满足的出口：它所包含的黏稠度、强烈的气味和凌乱感会让肛门型人格（anal personality）感到享受，并且允许他们的某些冲动——触摸（粪便）、享受强烈而多样的气味、打乱一切等——获得非冲突性的满足。这种倾向在梵高身上表现得尤为明显，为了创造出特殊的效果，他不拘一格地把双手作为画笔。

所有这些可能都是梵高的真实写照。但如果确实如此，弗洛伊德和琼斯为何如此确信，分析不会破坏他的创造冲动呢？如果梵高接受分析，弗洛伊德难道不希望他不再对自己的幼儿期性欲、自慰和一般意义上的性感到内疚吗？如果他摆脱了这种负疚感，并且获得了完全令人满意的成人性生活，那么根据弗洛伊德的理论，他为什么还想继续画画，甚至创作出数量更多、更为优秀的作品呢？

尼加拉博士有充分的理由认为，梵高把性欲和绘画看作互不相容的选择。并且，他赞同梵高的看法："同样，他认为更加频繁和没有节制的性生活会让他的创造力和绘画能力变得枯竭，因此规定自己两周最多只能有一次性生活，这是非常正确的。他的绘画能量就是经过修改的性能量。如果他在一件事情上消耗了精力，就无法顾及另一件事情了。"尼加拉博士认为，正是因为梵高将有关女人、婚姻和家庭的想法抛诸脑后，才能够在生命的最后两年半时间里创作出如此多的作品。

这种负相关可以简单地表达为"性越多，艺术创作就越少"，但这个观点受到了很多人的反对。有相当多的创造性人才保持着活跃的性生活，与此同时，他们的艺术创作并未明显减少。不过，我们暂且把这个有趣的问题搁在一边。我上面引述的段落和观点表明，精神分析学家，包括弗洛伊德本人，都对用精神分析理论来解释艺术活动感到忐忑不安，并且发现很难将其纳入他们的理论框架——本质上来说，这个理论框架用性欲和攻击性/死本能来解释一切人类活动（尽管是牵强的）。弗洛伊德认为，只存在两类本能："第一类是爱本能（erotic instincts），它企图将越来越多的有生命的物质结合起来，形成一个更大的整体；第二类是死本能（death instincts），它与上述企图相反，而是企图使有生命的一切物质都退回到无机物状态。生命现象就是产生于这两类并存但又矛盾的本能行动中，直到被死亡带回终点。"弗洛伊德认为，攻击性的产生是由于死本能转向了外部世界，在我的另一本书《人类的攻击性》（Human Aggression）中，已经对这个观点进行了讨论。如果"攻击性"这个词被用来指代弗洛伊德的"死本能"，那么就可以合理地认为，性欲和攻击性是两种基本的驱力，按照弗洛伊德的观点，其他一切都是从它们衍生出来的。我们进行这样的探究，是为了证明当我们考虑到艺术冲动时，这个观点是有所欠缺的。

精神分析学家 K. R. 埃斯勒（K.R. Eissler）试图通过假设天才的精神病理学属于一个特殊的范畴，来回避精神病理与创造力之间的问题。他写道："因此，我有所保留地认为，对于天才来说，所有支持升华的心理过程都是自洽的（ego-syntonic），并且属于精神病理学的一个特殊范畴，与精神病学教科书中描写的所有其他精神病理形式有着本质上的差异。对于天才的精神病理来说，源自普通人群的标准并不适用。"埃斯勒所说的"自洽"，是指这些心理过程可以被天才的自觉观念接受，或者与之相容。然而，"精神病理学的一个特殊范畴"这个假设无疑是对问题的逃避。并且，这个观点违反了奥卡姆剃刀定律（Occam's Razor）："如无必要，勿增实体。"

埃斯勒博士提出这个想法，一部分原因是他认识到，精神分析很难指出艺术作品与神经症症状的区别。他认识到，天才的成就来自"精神病理"的升华，但是因为他对这些成就评价甚高，所以不愿意将它们与症状归为一类。因此，天才的"精神病理"必须是"特殊"的。

显然，他发现自己同样陷入了进退两难的境地，他这样写道：

> 在对天才进行的研究中，我们会看到数量惊人的精神病理现象，这一点是确定无疑的。但是，天才的精神病理及其成就之间究竟有何关联，这个问题仍然没有得到解答。人们普遍将精神病理看作一种缺陷，尽管大多数精神病理形式有着现实的功能，可以让心灵免遭精神病理所导致的更大损害（原发性获益）。而通过对天才的观察，我们发现精神病理对某些至高无上的成就来说是不可或缺的。

摆脱这种困境的方法，当然是对什么应当被定义为"病理"重新进行考虑，但这显然违背了正统的精神分析理论。归根结底，困难来自我们之前所提及的假设，即所有的精神病理问题应当通过这样的方式来解决："性欲"得以实现，因此幼儿阶段的"前生殖期"冲动被引导到与异性的完全成熟的关系中。

埃斯勒博士与尼加拉博士都坚信，这种关系的实现与艺术作品的产生是无法共存的，这一点非常清晰。埃斯勒博士写道：

> 然而，如果换个角度看，对于天才来说，如果他的力比多在适当的客体关系中得到满足，就似乎不可能产生非凡的创作。能量将从艺术创作转而流向客体关系。因此，只有对永久客体的依恋受到阻碍，对客体的强烈渴望才会产生，而这种渴望会让他们替代性地创作出完美的艺术作品。

但是，正如我们将在后面看到的，并没有证据可以表明，所有伟大的艺术家都无法与异性（"适当的客体关系"）建立成熟的关系。有些艺术家确实做不到，但有些却可以。正是基于这个原因，精神分析学家应当重新审视他们自己的假设。我们完全有理由认为，艺术家在其作品中解决了与童年冲突有关的某些问题。此外，我们还可以采取许多其他方式来处理这些问题。但是，我们不应该想当然地认为，成熟的人际关系，特别是成熟的两性关系，是人类存在的全部意义和终极目标，因此，人类所有的情感问题都可以通过这种关系带来的安慰力量来解决。如果我们能够放弃这个假设，也就可以放弃艺术作品必然是其他事物的替代品这一想法。然而，这并不是说它绝对不会成为替代品。因此，在下一章中，我们将会对弗洛伊德提出的作为愿望满足的创造性活动这一观点进行讨论，并且给出一些实例来证明该理论的部分合理性。

第二章

作为愿望满足的创造性

在《创造性作家与白日梦》(Creative Writers and Day-Dreaming)这篇论文中,弗洛伊德将作家的活动与儿童的游戏活动进行了比较:"创造性作家的工作与儿童在游戏时的表现是一样的。他非常认真地创造了一个幻想世界——在其中倾注了大量的情感——同时又严格地将其与现实世界区别开来。"弗洛伊德在文中指出,幻想与游戏之间唯一的区别就在于,孩子"喜欢把想象中的客体和情境与现实世界中有形的、看得见的事物联系起来"。当孩子停止游戏时,"他无非放弃了与现实事物之间的联结,用幻想将游戏取而代之。他在空中建造城堡,创造所谓的白日梦"。在这篇论文中弗洛伊德又写道:"我们可以下定论,一个幸福的人从不幻想,只有那些愿望未获得满足的人才会幻想。幻想的动力源于未获得满足的愿望,每一个幻想就是一个愿望的实现,是对不满意现实的矫正。对一个正在幻想的人来说,这些驱动性的愿望因性别、性格和环境的不同而有所变化,但它们很自然地分为两大类别,要么是进取的愿望,这类愿望会提高主体的人格;要么是情欲的愿望。"换而言之,创造性的产物无非是替代品,即作家无法在现实中得到的事物的次级替代物。

许多批评家都对弗洛伊德的理论进行了抨击,他们的理由也很充分。弗洛伊德轻描淡写地认为创作"无非"是一种幻想,与此同时却对创作的美学方面只字不提。我们应当把梦、白日梦和艺术作品强行归为一类,丝毫不加以区分吗?《安娜·卡列尼娜》与青少年的性幻想之间不存在差别吗？当然有，但在这篇论文中，弗洛伊德只承认："我们十分清楚地意识到，许多富有创意的作品与天真的白日梦相去甚远；然而我禁不住怀疑，即便是与白日梦的模式存在极度偏差的作品，仍然可以通过一系列不间断的过渡形式与白日梦建立联结。"

不过，尽管弗洛伊德的解释有所欠缺，我们仍然可以借助它来理解某些文学作品。这些作品在文学史上的地位通常并不崇高，当然也有例外。其中英国作家弗雷德里克·罗尔夫（Frederick Rolfe）的小说《哈德良七世》（*Hadrian VII*）就属于后者，因为它获得了一些评论家的高度评价。这部奇特的作品现在已经广为人知，因为它最近被改编成一部非常成功的戏剧，并且我们可以买到它的平装本。对罗尔夫来说，其唯一的作品在自己去世之后才大获成功，这是很有讽刺意味的。他在世时，这本书并没有给他带来一分一毫的收入，因为出版商规定在前六百册以内，作者不能收取版税，而在他离开人世的时候，这本书的销量还没有达到这个数字。我们很难找到一个比《哈德良七世》更好的例子，来说明弗洛伊德所说的第一类满足愿望的幻想："进取的愿望，这类愿望会提高主体的人格。"因为这本书讲述了一位立志成为牧师的天主教徒的故事，他在学生时代被神学院拒之门外，却在二十年后被教会权威推选为教皇。实际上，落选牧师的就是罗尔夫本人。事实上，他被罗马的苏格兰学院开除了，理由是他不适合当牧师，就像他的传记作者 A.J.A. 西蒙斯（A.J.A. Symons）在《探求科尔沃》（*The Quest for Corvo*）中所证实的，这是一个完全正确的决定。罗尔夫是同性恋，但这并不妨碍他成为一位勤勤恳恳、受人尊敬的神父。事实上，对于那些保持单身生活的人来说，这是一种相当常见的情况。但除此之外，他还有着病理性的人格和明显的偏执，总是对所有那些试图帮助他的人翻脸，直到生命的最后一刻，他仍然是一个以自我为中心、牢骚满腹、疑神疑鬼而又愤世嫉俗的人。

像许多精神病患者一样，罗尔夫总是摆出一副高高在上的架势，因此树敌无数，并且，在自己实际上知之甚少的事情上，他也喜欢把自己伪装成专家。他似乎对音乐有所涉猎，假装通晓希腊语和其他语言，但事实上他只是知其皮毛。他声称一位意大利的伯爵夫人给了他科尔沃男爵的头衔，隐晦地暗示自己的祖先身世显赫，还说德皇威廉二世是自己的教父。总而言之，他用尽一切手段来表明自己才能出众、地位尊贵，而这与他的实际情况并不相符。像罗尔夫这类人总是觉得，自己拥有了非凡的天赋，就不再需要进行枯燥乏味的学习，所以令人毫不意外的是，罗尔夫最终荒废了自己的学业。罗尔夫在着装上既讲究又古怪，即使付不起钱也会毫不犹豫地购置价格昂贵的衣服，这也是典型的精神病患者的自恋。实际上，他在经济上毫无节制的程度，只有那些精神变态的罪犯才能与之相比，这些罪犯习惯性地过着"虚假伪装者"的生活，也同样完全不考虑自己的钱袋和其他人的感受。无论谁借钱给罗尔夫，必然会招致他的敌意而不是友善，因为他总是对任何想帮助他的人做出相同的反应。此外，他声称自己受到天主教神职人员和其他人的迫害，这非常接近精神病患者的偏执妄想。罗尔夫是偏执型精神病患者的一个教科书式的案例——精神病学家、监狱医务人员和警方都熟知这类患者。这样的人一生都游走在精神失常的边缘，而且我们往往无法判断，他们到底在多大程度上相信自己的幻想。很有可能，正是由于罗尔夫会写作，才没有让他变成一个更像罪犯的人。在写作中，他找到了一个表达自己幻想的机会，而那些与他性格相似但缺少写作天赋的人却没有这样的机会。并且，尽管他的作品标新立异、非常主观，但至少在现实世界中是一项实际的成就，被出版商印刷成册，也受到了文学评论家们的重视。

从被拒之门外的神学院学生到教皇，这是一个巨大的飞跃，可能会让读者感到难以置信。但是，罗尔夫能够使它或多或少地令人信服。在他的想象中，主人公尽管经历了二十年的苦难、贫困和被拒绝，却始终执着于自己的使命，这给红衣主教们留下了神圣的印象，于是，当他们在推举教皇的事情上遇到困难时，最终决定选择这位不知名的、圣洁的英国人。实际上，这是绝对不可能发生的，但罗尔夫让这个幻想变得几乎可信，因为他相信自己是一个受到了不公正对待的天才，理应得到极大的补偿。众所周知，具有虚假伪装者特征的精神病患者之所以能成功地让别人相信故事的真实性，从而得到他们的金钱，是因为他们对自己的幻想也半信半疑。这个逻辑同样适用于罗尔夫。

罗尔夫的人生是一个悲剧。他总是粗暴地对待每一只援助之手，并且傲慢、虚伪、肆无忌惮，这一切都让他在现实中屡屡碰壁，就像他总是认为自己会被拒绝一样。最后，他在威尼斯成为一名同性恋的皮条客，为一位富有的英格兰男爵物色男孩。这位男爵与他有书信往来，并且经常去威尼斯。这至少印证了弗洛伊德的观点，即同性恋与偏执狂之间有着密切的联系。

罗尔夫是一个极度不快乐的人，至少在《哈德良七世》中，他的幻想与进取的愿望有关，这是对其在现实生活中遭遇的失败和被拒绝担任牧师所带来的痛苦的补偿。而下面的这个例子尽管主要与进取的愿望有关，却还包含了弗洛伊德所提及的另一种激励性的愿望，即情欲的愿望。

英国小说家伊恩·弗莱明（Ian Fleming）是极其成功的"007"系列惊险小说的创作者，他并不像罗尔夫那样存在严重的心理问题，但是他的背景和性格与弗洛伊德有关创造性的理论非常吻合。[在接下来的文章中，我会参考英国作者约翰·皮尔森（John Pearson）优秀的传记作品《伊恩·弗莱明的一生》（*The Life of Ian Fleming*）。]伊恩·弗莱明出生于1908年，他的兄长彼得·弗莱明比他早出生一年，后来成了著名的探险家和旅行作家。他的父亲在第一次世界大战中丧生，就在伊恩9岁生日的前夕。尽管他总说自己实际上无法记起父亲的样子，但在他心目中，父亲却被塑造成了"牺牲的英雄"，而这往往会导致心理问题和自卑感。对于一个男孩来说，不让一位真实的父亲失望已属不易，而把一位逝去的英雄作为自己的榜样则会难上加难，因为人们总是对他的美德称颂不已，却遗忘或掩盖了他的缺点。或许，这就是伊恩·弗莱明一生都崇拜英雄的原因。根据他的自述，读书时他把兄长彼得当作自己的偶像。而后来他所崇拜的人物有英国谍报首脑威廉·史蒂芬森爵士(Sir William Stephenson)、英国内阁大臣比弗布鲁克勋爵

（Lord Beaverbrook）、英国演员和剧作家诺埃尔·科沃德（Noél Coward）以及英国小说家和剧作家萨默塞特·毛姆（Somerset Maugham）。在他的小说里，詹姆斯·邦德对其上司"M"的态度鲜明地反映了弗莱明的英雄崇拜倾向。

弗莱明的母亲是一位令人敬畏的女士，她富有、美丽、充满活力又固执己见。在74岁那年，她卷入了一场离奇的法律诉讼，被指控引诱温彻斯特侯爵离开自己的妻子，鼓动他结束自己的婚姻。她在1964年夏天离开了人世，仅仅三周之后，她的儿子伊恩也去世了。毫无疑问，正是由于母亲的影响，弗莱明在人生的大部分时间里都扮演着风流浪子的角色，避免与女性建立真正的亲密关系。直到43岁那年，他才步入婚姻的殿堂。在最终步入婚姻的六天前，他完成了第一部"007"系列小说。

有很多迹象表明，这位作家在小说中塑造了最为冷酷而强硬的英雄形象，但他本人并不具备自己赋予詹姆斯·邦德的那些品质，或者至少他认为自己并不具备这些品质。事实上，弗莱明曾接受过特工的技能训练，并且成绩相当优异，但是在最后的测试中，当被要求射杀一位敌方特工时，弗莱明却变得犹豫不决——他没有勇气扣动扳机。而虚构的英雄詹姆斯·邦德不会有这样的顾虑，他是弗莱明愿望满足的幻想，弗莱明想让自己成为那样的人。

伊恩·弗莱明的早年生活充满失望和挫败，对这类男孩来说，很典型的表现是：他们无法对真实的父亲产生认同，因而对自己的能力缺乏信心，即使他们的能力实际上并不逊色。在伊顿公学，除了体育之外，伊恩·弗莱明在各方面都比不上他的兄长彼得。彼得赢得了所有的奖项，广受赞誉，而伊恩的反应是放弃尝试，除了在体育这一个领域，因为他知道自己在这方面更胜一筹。

在母亲的建议下，伊恩·弗莱明试图成为一名士兵。在这个时候，相同的模式又出现了。在英国陆军军官学校所在地桑赫斯特（Sandhurst），他又像在伊顿公学时那样漫不经心，并且违反校规，结果他的军旅生涯几乎还未开始就已经结束了。他接下来遭受的一个重大失败是未能进入外交部，在62位申请者中他只位列第25名。他对这个成绩深感羞愧，于是，后来他谎称那一年只有5位候选人被录用，而他排在第7名。在短暂的记者生涯结束后，他进入了一家商业银行。短短两年之后，他又加入了一家证券公司，在这里他同样没有成功。和之前一样，他无法脚踏实地和坚持到底。只要看到一丝失败的迹象，他就不再付出更多的努力，而是直接退到幻想之中。

伊恩·弗莱明非常受女性青睐，但这只是一种表象。在离开学校之前，他就已经因为女生惹上了麻烦，这种情况在桑赫斯特又重演了。但是，像其他风流浪子一样，他只是在表面上风光无限，实际上并没有那么成功。"男人想要一个女人，"他写道，"一个可以像电灯开关一样被打开和关闭的女人。"这也是他通常对待女性的方式。他坚决拒绝与跟他上床的女性发生情感上的纠葛。他对排泄表现出强烈的厌恶情绪，抱怨女性清洗得不够干净，不喜欢指甲油和口红。一个吸引他的女孩仅仅因为躲在卡普里岛海滩的一块岩石后面小解，他就跟她断绝了关系。弗莱明对任何与排泄有关的事物都极度厌恶，这表明他仍停滞在弗洛伊德所说的"肛门施虐期"（anal-sadistic stage）；小说中有很多关于施虐的段落，这进一步支持了这个假设。这种特殊的前生殖期组织（pregenital organization）是导致强迫性神经症发展的一个因素，患者进行的各种仪式和表现出来的其他症状往往是一种防御，用于抵制"肮脏"（肛门）和敌对（施虐）冲动的出现。43岁时，他终于娶了安妮·罗瑟米尔（Anne Rothermere）。在妻子的鼓励下，他开始创作小说——当时他们住在弗莱明位于牙买加的房子里，正准备完婚。

作为弗莱明所虚构的、实现其愿望的人物，詹姆斯·邦德和哈德良七世一样不太具有真实性。他被赋予了许多弗莱明自己的特征，这些特征不仅为数众多，而且还清晰无误，甚至包括外表。但是，邦德更为强硬和冷酷，相对而言缺少感受力和想象力。考虑到弗莱明自身的背景和精神病理状况，施虐－受虐情节成为邦德小说的一大特色应该不会让我们觉得意外。因为从根本上说，只有那些关注权力关系的男性，才会对施虐－受虐如此执着。尽管按照英国中产阶级的标准，弗莱明是富裕的，但他一直希望自己能够获得巨额财富。和许多风流浪子一样，他与女性的关系本质上是一种权力关系，而不是爱情关系，这种关系不过意味着征服或者证明了其男性气概，缺少温柔和情感的投入。对痛苦的受虐性忍耐会让许多神经症患者引以为傲——即使不能像男人一样功成名就，至少可以像男人一样忍受痛苦。尽管邦德必定会以胜利者的形象出现，但拥有弗莱明自己所渴望的权力和财富的，却是他虚构的反派人物。这些反派人物也是喜欢施虐的怪物，他们把残忍作为取乐的手段。在第一本小说《皇家赌场》（*Casino Royale*）中，作者堂而皇之地运用了阉割这一主题，并且在随后的小说里，这个主题几乎不加掩饰地一次又一次出现。折磨和忍受痛苦往往以一种高度人为的方式被强拉进故事中。在《诺博士》（*Dr. No*）中，邦德被迫加入诺博士刚刚设计完成的"一场障碍赛，一次与死亡较量的突击课程"。这位邪恶的博士表示，他对人体忍受痛苦的能力很感兴趣，并承诺在邦德饱受折磨地死去之后，他会一丝不苟地检查他的遗体。这些残酷的场景以及或明或暗的阉割威胁，反映了弗莱明对自己的男性力量被剥夺感到的恐惧。显然，他从来都没有对自己拥有男子气概充满信心，因为他过于关注如何证明这一点。此外，他一贯的英雄崇拜说明，他习惯性地相信别人拥有一些自己所不具备但让他羡慕的东西；这个信念源于他童年时期对更为成功的兄长和去世的英雄父亲的态度。

有意思的是，即便通过非常琐碎的细节，我们也能看到邦德这个幻想形象所具有的补偿性。邦德是一位枪械专家、美食鉴赏家、品酒师，他热爱各种汽车并且可以如数家珍，此外，他也是一位成功的赌徒。可是，弗莱明本人对这些东西却知之甚少。诺埃尔·科沃德评价说，弗莱明在牙买加招待客人的食物相当恐怖。他对葡萄酒一窍不通，只喝威士忌或者伏特加。开车时他小心翼翼，从不冒险。在给一位枪械制造者写信讨论《皇家赌场》中提到的各种枪械的名字时，他把这些名字拼错了四分之三。正如他的传记作者所言，弗莱明是一位天生的记者，他善于巧妙地借用他人的经验来使自己的作品具有真实感，但是他自己却缺乏足够的应用能力，无法成为任何领域的专家。于是，专业知识成为令他着迷的东西——一种他自己无法获得但别人却拥有的东西。

那么，这又是一个很有说服力的例子，证实了弗洛伊德在《精神分析引论》第23章所提出的观点，即作家"一心想要追逐荣誉、权力、财富、名望和女性的青睐，却苦于找不到满足这些愿望的途径。于是，他们像其他愿望无法得到满足的人一样脱离现实，将自己的兴趣和力比多投入一厢情愿的幻想世界，其中一条腿已经迈上了神经症的道路"。

《哈德良七世》和"007"系列小说这两个例子，主要说明了弗洛伊德关于进取的愿望的观点。尽管情欲的主题在弗莱明的小说中也很突出，但这些都只是风流浪子的征服幻想，几乎不涉及成人意义上的爱情。事实上，每当邦德似乎真的要和某一位女郎产生恋情时，就会刚好出现一些暴力或戏剧性的情节来打断这段关系。因此，权力，而不是爱情，才是这两类幻想的核心主题。并且，与女性相比，这两类幻想对男性有着更强的吸引力。然而，还有一类截然不同的小说可以作为愿望的满足，这类小说明显更受女性的青睐，并且也可以有力地支持弗洛伊德的观点。

美国生物学家、性学家金赛（Kinsey）和他的团队在对"性反应中的心理因素"进行调查后，发现男性和女性在这方面有着非常显著的差异。一般来说，男性对可能的性刺激做出反应并受其制约的范围要比女性大得多，其中包括一些似乎与性行为本身毫不相关的刺激。因此，实际上没有女性会偷窥，而许多男性却会这样做。没有专为女性开设的脱衣舞俱乐部——色情在很大程度上是男性的专利。事实上，女性对爱情的态度似乎比男性更加现实。她们很少把情欲与身体接触分开，也不太沉迷于性幻想。如果没有作为一个完整的人投入情感，她们也不太容易在任何情境或刺激面前产生性唤起。就像金赛所写的那样："许多女性可能几天、几周甚至几个月都没有受到刺激，除非她们与性伴侣有实际的身体接触。"然而，这一普遍规律也存在一些例外，其中一种与我们目前的研究有关。金赛是这样写的：

> 我们有33组数据一致表明：与女性相比，男性更多地被他们的性体验制约。他们更多地间接分享他人的性体验，在观察其他人进行性活动时，他们更容易产生感同身受的反应，可能会对特定类型的性活动产生更强烈的偏好，并且可能会求助于与其性活动有关的各种各样的对象。数据显示，在所有这些方面，女性的性行为更少受到这种心理因素的影响。
>
> 只有在其中的三个项目上，女性受影响的人数和男性一样多或者多于男性：观看影像、阅读浪漫文学和被啃咬。

在前面一个段落的脚注中，金赛指出："在阅读浪漫文学或观看影像时，女性获得的性刺激等于或超过了男性。"

金赛所说的浪漫文学包括"小说、散文、诗歌以及其他文学材料"，并且他指出，阅读此类材料时产生的性反应"可能取决于作品的一般情感内容、其中的浪漫素材、与性有关的词语（特别是通俗词语），或者对性活动所做的更具体的描写"。

在英国，"浪漫文学"一词仅仅指以爱情为主题的文学，但这些作品并不会使用任何与性有关的词语，或者描述除了亲吻以外的性活动。浪漫小说是女性作家为女性读者创作的。情色的白日梦确实是构成这些小说的素材，但它们有其特殊性，许多男性根本不会认为这种白日梦是情色的。因为这些故事的特点是，尽管整篇故事都与爱情有关，但任何涉及性的事实都被严格地排除在外。就像一位读者在回答爱情小说的主要出版商米尔斯和布恩（Mills & Boon）进行的一项调查时写道："这些小说干净、健康，没有任何令人不快的色情内容。"这类文学作品所吸引的主要是家庭主妇和生活有些单调的女性，她们需要能够对其产生认同的女主角，好让自己在想象中远离乏味的现实。社会上有很大一部分人会阅读这类书籍，不过并不是所有人都会承认。尽管受过教育甚至属于知识分子群体的男性都会坦率地承认他们喜欢看"007"系列小说，但是很多女性却羞于承认她们喜欢看浪漫小说。然而，这项调查显示，这类书籍的很多读者都受过教育，有相当一部分属于较低层次的专业或者半专业人士。正如主持这项调查的社会学家彼得·曼恩（Peter Mann）所指出的："在一个把'浪漫爱情'作为其文化一部分的社会里，女性从小就被灌输了这样的观念：男女之间相互吸引，坠入爱河，然后步入幸福的婚姻。在这样的社会中，男性占有某种主导地位，因为男性追求女性的做法本身就是浪漫爱情的一部分。"

将浪漫小说与"007"系列小说进行比较之后，金赛的观点完全得到了支持，他认为在涉及性时，男性和女性有着明显的差异，至少在性幻想上是如此。

浪漫小说一般以灰姑娘为主角，其地位相对卑微，腼腆而不自信，美丽但尚未觉醒。她通常有个优雅而古朴的名字，比如简、凯瑟琳或者伊丽莎白。小说里总是有个更加成熟世故的女孩跟她形成对比，这个女孩懂得如何释放自己的魅力，穿着打扮更为引人注目，而她的名字一般会有点古怪，带些异国情调，比如科琳娜·德拉梅里（Corinne Delamerie）。虽然女主角缺乏性经验或者不够老练，但恰恰是这个原因，她成功地得到了男主角的青睐。而男主角往往很有主见、富裕多金，有些冷酷无情，但却渴望爱和温柔——女主角往往后来才意识到这一点。在大量的浪漫小说中，女主角是护士、秘书或者接待员，而男主角是医生。故事的结局是确定无疑的，而小说是否能够引人入胜，则取决于作者的技巧高明到什么程度。他制造出各种世事变迁和误会，让情侣们历尽曲折之后最终才得以投入对方的怀抱，迎来圆满的大结局。浪漫小说的最后一段一般都是千篇一律的，就像琼·邓巴（Jean Dunbar）在《昨天、今天和明天》（*Yesterday, Today and Tomorrow*）的末尾所写的那样："伊丽莎白想，诊室外的花丛现在一定开满了鲜花，昨天已经成为过去，今天是她一生中最为幸福的一天，而明天——所有的明天——展现在她面前，充满了希望。她得到了一位理想的伴侣，无论将来生活给她带来什么——快乐、悲伤还是考验，他都会站在自己身边。她不再独自承担这一切。带着感恩的祈祷，她安然进入梦乡，期待着明天的到来——所有的明天，都将和约翰·阿勒戴斯共同度过。"

在浪漫小说中，任何有关婚前性行为的暗示一直都是被严格禁止的，与父母发生严重的冲突也是不可能的。此外，小说所描绘的人物基本没有真实感。真实的人是复杂的，是善良与残忍、勇敢与懦弱、冷酷与悲悯的矛盾混合体。但浪漫小说里的男女主人公，却并不需要给人以真实感。他们的作用并不是加深我们对人性的理解，而是提供娱乐和逃避。实际上，深入的人物研究对这类小说而言是完全不合适的，同样不合时宜的是"007"系列小说中的施虐 – 受虐幻想，或者美国作家亨利·米勒（Henry Miller）解剖式的"现实主义"。

表面看来，极具女性色彩的浪漫文学世界，似乎暗示了女性特质的自相矛盾之处。如果我们接受金赛的发现，即一般说来，女性比男性更少沉溺于性幻想，更加关注实际的身体接触，那么她们为何会如此钟情于将爱与性截然分开的浪漫文学呢？这种矛盾或许只是表面现象。正如我们所看到的，金赛把很多直接描写性爱的作品也归入浪漫文学这个类别，而在英国，这些作品是被明确排除在浪漫文学之外的。并且，金赛调查的访谈者们或许受过很好的训练，可以将被试的一些回答归入"性反应"或者"性唤起"，而被试本身可能并不认为这些回答表明自己产生了性反应。很有可能，有些女性因为读浪漫小说而感到"激动"或者"兴奋"，但她们并没有向访谈者或者她们自己承认其反应在根本上与性有关。至少在英国，如果有人告诉她们其对浪漫小说的兴趣实际上与性有关，她们会被吓坏，就像有一位女性认为自己喜欢这类小说，是因为其中没有"任何令人不快的色情内容"。无论我们最终如何解释金赛的研究结果，下面这段话肯定会让研究两性心理差异的人非常感兴趣："样本中对文艺作品产生性反应的女性人数，是对观看性行为的影像有反应的女性人数的两倍，是对裸体人物照片或画像有反应的女性人数的五倍。"

在考虑英国定义下的浪漫小说时，还涉及两性之间的另外一个差异。男性由于会勃起，在性唤起时很容易识别，而女性则不那么容易识别。美国精神病学家海伦·多伊奇（Helene Deutsch）在《女性心理学》（*The Psychology of Women*）第一卷中写道：

> 与男孩相比，年轻女孩的性欲与性意识分离的时间更长。在很大程度上，这个事实可以用解剖学上的差异来解释。男孩的性幻想很快就会伴有明显的勃起，可以说，他们因此无地自容。由于对理想爱情的向往与生殖器的冲动在时间上巧合，男孩很难否认两者之间的联系。
>
> 然而，女孩并不那么容易发现她们的生殖器是其对爱的渴望的执行机构，而且即使她们有过高潮和手淫行为，仍然比男孩更容易把自己的心理感受与身体的紧张分开。最重要的是，女孩的自慰比男孩更加间接和隐蔽。阴道的感觉无法与男性性器官的压力相比，紧张不可能总是精确地定位，兴奋和放松可以在没有意识控制的情况下发生。

因此与男性相比，女性的性唤起可能意味着相当不同的内容，也更加难以定义，并且我们需要了解，金赛团队的研究者们在报告女性对浪漫文学的反应相当频繁时，他们对"唤起"的定义是什么。

对于精神病学家来说，浪漫小说中的世界与歇斯底里患者的世界非常接近。按照精神分析的观点，歇斯底里患者仍然停留在性器期的前生殖发展阶段。他们无法超越对异性父母的依恋占主导地位的情感阶段；而且，由于性兴奋对他们来说实际上意味着乱伦，他们会尽可能地抑制与性有关的身体反应。这就产生了两个结果。首先，他们在性交中往往表现得很冷淡，因此无法获得任何身体上的满足，也无法与另一个人建立稳固的依恋关系——一般来说，这种关系是从这个人那里反复获得性满足的结果。其次，因为无法在现实世界中得到满足，他们会强化幻想的世界，并且生活在这个世界里。可以预料的是，因为与他们自己的白日梦世界如此密切地对应，所以浪漫小说会对他们产生特别的吸引力：在这个世界里，爱是一切，而这种爱排除了"肮脏"的性元素。

　　人们经常注意到，女性歇斯底里患者喜欢把一切都"性欲化"，这一点有些自相矛盾。也就是说，她们喜欢执着于两性关系，而对其他一切置之不理。歇斯底里患者能够从不经意的谈话中解读出性暗示，认为对她们漠不关心的男性其实爱上了自己，并且会花大量的时间让自己变得富有魅力。这些态度和行为方式当然都具有补偿性。许多过分注重自身外表的女性实际上是性冷淡。她们无法爱上任何人，只关心自己，尽管她们表面上痴迷于"爱"。对于过着正常性生活的人们来说，生活并不仅仅是由爱情关系组成的。而对于歇斯底里患者来说，由于无法在现实中得到满足，因此这个世界充满了更多情爱的可能性，虽然实际上并非如此。在浪漫小说的世界里，所有一切都服务于女主角觅得佳偶，这两者其实并无二致。

　　理想化也是歇斯底里患者和浪漫小说的共同特征。歇斯底里患者总是会把客体理想化，包括为他们进行治疗的精神分析师。这种特质起源于童年早期，可能是未能与自己的父母建立令人满意的关系所导致的结果。由于这种失败，孩子不再寻求与真实的人物建立良好的关系，转而运用自己的想象力，通过理想化的形象创造出真实人物的替代品。而歇斯底里患者之所以无法与他人建立幸福的关系，一个主要原因就是他们喜欢把这些幻想的形象投射到真实人物身上。最终，由于现实中的人物无法满足这种幻想，于是，歇斯底里患者不可避免地感到失望，只能去别处继续寻找自己的理想。

　　在这里讨论的所有例子中，想象都被用来创造令人失望的现实的替代品。弗洛伊德在1908年所写的论文《创造性作家与白日梦》中所表达的观点与此是完全贴切的。毫无疑问，这与弗洛伊德早期的病人大多患有歇斯底里的事实有关，并且在歇斯底里患者身上，精神分析的早期理论得到了最为有效的应用。但是，并非所有幻想都是歇斯底里的，想象也并不仅仅用来逃避现实生活。在把艺术视为白日梦的同时，弗洛伊德忽视了对不同的艺术作品进行区分，正如美国文学评论家莱昂内尔·特里林（Lionel Trilling）所指出的："艺术中的幻想是为了与现实建立更紧密、更真实的关系。"任何一个因为文学而让自己的洞察力变得敏锐或者使自己的觉察力得以增强的人，肯定会同意这一看法。例如，作为一位伟大的观察者，法国小说家普鲁斯特（Proust）可以帮助我们注意到并理解隐藏在看似微不足道的人类行为背后的更多动机。如果没有他的帮助，我们就无法做到这一点，这与弗洛伊德本人的方式非常相似。据说，普鲁斯特并没有读过弗洛伊德的著作，但他一定会欣赏弗洛伊德在《日常生活的心理分析》（The Psychology of Everyday Life）一书中所表达的观点，以及其对似乎微不足道、无关紧要的事物所做的鞭辟入里的分析。奇怪的是，弗洛伊德似乎并没有意识到，幻想或许有助于增强人类对现实的掌控感，至少从他早期发表的文章来判断，似乎的确如此。这也是人们经常抱怨精神分析无法区分艺术的优劣的原因之一。伊恩·弗莱明和浪漫小说作家或许在利用幻想让我们逃避现实，但我们不必否认，他们抑或努力为我们提供了有效的安全阀。如果说这些文学作品具有治疗或者疗愈的作用，或许我们可以把它们比作发泄：它们提供了一个"出气"的机会，以消除在日常生活中无法表达的心理冲动，并且对在现实中感到的失望进行补偿。但是，伟大的小说家并不关心逃避。仅以乔治·艾略特（George Eliot）、托尔斯泰和普鲁斯特这三位作家为例，他们关注的是描绘真实的生活，并且从中总结出某种意义。和弗洛伊德一样，他们运用想象力穿透表象，获得更深刻和丰富的真理。他们的小说尝试从自己的经验和人生观出发，创造出连贯一致的整体；并且，借由他们的洞察，我们自己的人生也变得丰富起来。关于发泄与整合之间的区别，我将在后文中再予以讨论。

第三章

艺术家的自觉动机

在上一章，我们可以用弗洛伊德的创作是满足愿望的白日梦的观点来理解某些类型的小说，并且列举了一些支持这一假设的小说来论述。显然，弗洛伊德的解释主要来自对创作作品的思考，而不是对创作活动的考察。也就是说，弗洛伊德主要关心的是作品的内容，而不是作者为何会选择这种特殊的方式来表达自身未得到满足的愿望。生活就是这样，即使是命运最为眷顾的宠儿也总有一些永远无法实现的愿望。从这个意义上说，我们每个人都因此而做过白日梦。然而，尽管每年出版的书籍多如牛毛，但很少有人会转向文学或者通过其他创造性活动来弥补自己的失望。我们可能会意识到自己有一个未实现的愿望，但并不打算把它描绘出来或者告知他人。

可以说，一个人是否会利用艺术来表达自己的幻想，取决于他是否在某个创造性领域拥有自我表达的天赋；确实，当发现自己拥有某种特殊的天赋时，他会受到鼓励，乐于运用自己的技能。摆弄黏土或者颜料、精确地选择恰当的词语来表达自己的意思，或者发现一首新的曲调，这些都可以带来乐趣。此外，创作天赋通常在儿童时期就已经显露出来了。如果他因此经常受到父母的赞扬和鼓励，就会全情地投入创作之中，就像投入其他获得权威认可的活动一样。在幼年时，我们可能会接受这样的观念，即绘画、作曲或者写作本身就是有价值的活动，而从来不会问为什么要做这些事。例如，莫扎特4岁就开始作曲，一定是因为他很快就发现，自己的努力让他的父亲利奥波德（Leopold）感到高兴。毫无疑问，其他力量也在他的内心发挥作用，不过早期在作曲方面的努力让他获得了如此多的关注和认可，这足以成为他继续进行作曲的理由。

然而，亨德尔（Handel）的情况却恰恰相反。尽管亨德尔年迈的外科医生父亲并不像传统绘画中的食人魔那样可怕，但毫无疑问，他最初确实反对儿子专注于音乐，在巨大的阻力面前，亨德尔仍然坚持发挥自己的音乐才能。亨德尔的情绪很容易波动，时而高涨、时而低落，这很有可能与他父母早期的反对态度有关。

但是，即使有些人拥有出众的天赋，也并不代表他们会以创造性或原创性的方式运用自己的天赋。我们一定都认识一些有天赋的人，他们显然很有创造力，但却对此不感兴趣。在英国作家柯南·道尔（Conan Doyle）的笔下，夏洛克·福尔摩斯（Sherlock Holmes）的哥哥就是这样一个人物。福尔摩斯认为哥哥麦考夫（Mycroft）智慧超群，甚至还向他请教过一两起特别棘手的案件。但是，麦考夫一想到自己需要四处奔波、埋头苦干，就望而却步了。在创作原创性作品的过程中，无疑需要勤奋努力、不畏挫折并且全力以赴，许多天赋异禀的人都因此退缩了。例如，议会文件起草者，还有专职起草复杂遗嘱和信托财产文件的律师，都需要高超的语言技巧。能够明确无误地进行陈述而不引起歧义，这样的能力并不多见，然而，拥有这种天赋的人并不一定会利用它进行创作。

我们很难确定在其他领域，是否也有一些人的天赋被埋没了。我们目前主要用文字进行交流，每个人都需要或多或少地使用它们，而绘画或者音乐则并非如此。不过，我们依然可以看到其中的一些共通之处。必定有一些人，他们拥有作曲家视为珍宝的音乐天赋，却没有进行音乐创作的冲动。他们可以把脑子里的一首曲子转换成纸上的音符，其娴熟程度让那些缺乏这种天赋的人羡慕不已。他们可以流畅地阅读乐谱，轻松地变换曲调，对别人的作品进行修改或编曲，并且敏锐地进行演绎。换句话说，他们似乎拥有进行音乐创作所必需的各种技能（一种似乎相当罕见的天赋组合），却缺乏进行创作的冲动。例如，有哪位听说过欧文·尼雷吉哈齐（Erwin Nyiregyhazy）吗？阿姆斯特丹大学心理学实验室主任雷维斯（Révész）对这位当之无愧的音乐神童进行了深入的研究。他4岁不到就开始作曲，拥有完美的音准和非凡的音乐记忆力。然而，就像许多神童一样，尽管他后来成为一位职业音乐家，但取得的成就却与他早期的能力并不匹配。（只有大约10%的音乐神童长大后会成为艺术大师。）他最终在音乐界销声匿迹，最后一次听到他的消息是在20世纪30年代，当时他在好莱坞的录音室担任钢琴家。通过安皮科钢琴卷的录音，我们可以领略他卓越的钢琴演奏技巧，他演奏的是李斯特的《马捷帕》（*Mazeppa G139 no.4*）。

同样，必定也有些人在绘画方面很有天赋，或者对色彩有特别敏锐的感觉，但除了在假日写生或者装饰房间之外，他们并没有运用这些天赋。毋庸置疑，和其他人一样，这些有天赋的人也有着未满足的愿望和白日梦。但是，尽管他们天赋异禀，却并没有以创作的方式来表达自己的白日梦。弗洛伊德的表述虽然适用于某些类型的创作，但一定会让我们对这种表述的不完整性感到不满：因为它没有解释为什么有些人必须通过创作表达自己的幻想，而另外一些人虽然同样拥有天赋，同样热衷于白日梦，却并没有进行创作。

此外，还有一些人表现出相反的特点。精神病学家尤其会认识到，有一些不幸的人拥有独创性，却没有能力通过某种媒介来表达自己的独创性。例如，精神分裂症患者似乎往往对事物拥有独到的见解。由于他们对世界的部分回避，以及他们相对不受传统的影响，其看待这个世界的角度是非常独特的。这个角度如此不同寻常，以至于人们希望他们能够将其眼中的一切创作成艺术作品，可惜他们很少能做到这一点。事实上，如果他们真的做到了，很有可能就不会患上精神分裂症了：其中的部分原因是，正如我们将看到的，创造性工作往往可以保护个体免于精神崩溃；还有部分原因是，要获得实践一门艺术所需的技能，或者将原创性的观点转化为可以被理解的形式，必须有一个"强大的自我"，也就是说，个性中必须有主动执行的一面，而这恰恰是大多数精神分裂症患者明显缺乏的。荣格有一个很好的例子，他在《自我与无意识》（*The Relations between the Ego and the Unconscious*）中描写了一个锁匠的学徒，这个学徒在19岁时患上了无法治愈的精神失常：

> 虽然他并不聪明，却冒出了一个美妙的想法：这个世界就是一本可以任他翻阅的画册。在他看来，要证明这个想法的真实性很简单——只要他翻动这本画册，就可以看到崭新的一页。
>
> 这位患者的想法无异于叔本华所谓"意志和表象的世界"（world as will and idea）未加修饰、处于原始阶段的版本。这个令人震撼的想法，其实源于极度的孤独以及与现实的隔绝，但由于他用相当简单而天真的方式将它表达出来，因此人们只能嘲笑它的荒诞不经。叔本华独特世界观的核心，便是这种原始的观点。只有天才或者疯子才能够彻底摆脱现实世界的纠葛，将世界看作自己的画册。

也有一些人，他们在任何明显的意义上一点都不反常，也拥有独创性，却不善于表达。出版社的编辑们非常熟悉这样的人，他们提交的手稿中包含具有独创性和极大价值的材料，但是他们不能把自己要说的内容以大众或读者都能理解的形式表达出来。要帮助他们以恰当的方式表达自己的思想，可能需要几个小时的耐心聆听和修改。

认为人们之所以从事艺术活动，是因为他们拥有某种特殊的技能，需要加以运用，这种观点是站不住脚的。那些拥有这种技能的人并不一定会运用它。而缺乏这种技能的人却有可能充满激情地想要创作，并且可能在某种程度上很有独创性。尽管如此，如果没有外界的帮助，他们还是不能创造出任何有价值的东西。

我们都知道，弗洛伊德认为，精神分析无法让我们理解艺术家的技巧或天赋。然而，弗洛伊德必然会完全赞同这样的看法：艺术家和我们一样都是普通人，并且也会和我们一样被同样的冲突和失望困扰。精神分析或许无法解释艺术家天赋的本质，但可能会给出一些原因，以说明艺术家为何被驱使去运用自己的天赋。正如我们所看到的，即使是极具天赋的人也不一定会进行创作，尽管他们会做白日梦。

根据弗洛伊德的说法，艺术家一心想要追逐荣誉、权力、财富、名望和女性的青睐，却只能在幻想中得到它们。但是，是不是因为他在追求这些目标的过程中总是感到失望，才会转向创作活动？难道不是在认识到自己的天赋后，他有意识地决定利用这种天赋来达到自己的目的吗？在20世纪的西方文化中，无论是在科学领域还是艺术领域，创造性成就都会受到高度的重视。即使是那些自称鄙视艺术的非利士人（Philistines），也承认别人赋予艺术家的价值；而那些爱好文学、艺术和音乐的人（在过去30年中，其数量大大增加了）则认为，艺术家是非常特殊的一类人，他们拥有比牧师、皇室成员或政治家更强大的法力。有些艺术家获得了荣誉和声望，少数人则变得非常富有。据我们所知，在获得女性的青睐方面，艺术家并不比其他男性逊色。的确，并没有多少艺术家能获得很大的权力，尽管钢琴家兼作曲家帕德雷夫斯基（Paderewski）和小说家迪斯雷利（Disraeli）都当上了国家总理。如果一个人既有天赋又有爱好，那么其追求某种艺术，岂不是一种可以实现弗洛伊德所设想的目标的现实而又直接的方式？而并不是因为他对无法实现这些目标感到失望，转而走上这条道路。毕竟，除非继承了大笔财富，否则一个人总得从事某种职业。

当好友霍金斯（Hawkins）祝贺约翰逊博士（Dr. Johnson）从事着一项能够发挥自己才能的工作（注解《莎士比亚全集》）时，约翰逊回复说："我看待它的态度和《英语大词典》一样：这仅仅只是工作而已，我写作并非因为热爱或者渴望出名，只是需要金钱，这就是我所了解的写作的唯一动机。"对于自己的原创作品，他也会说同样的话吗？或许他会，但如果是这样的话，很遗憾他的认知是错误的。当然，作家们并非对金钱漠不关心。事实上，仔细读一下由美国作家协会出版的期刊《作者》(*The Author*)，就会让那些将作家理想化的人大失所望，因为这本期刊的大部分内容都在讨论作者该如何增加收入、向出版商提出更多要求、从附属权中获利等。但是，如果把挣得大笔财富作为首要目标，那么就很难说写作是一个值得推荐的职业。作家们特别关注金钱的原因之一是，对他们中的大多数人来说，其工作带来的经济回报是不稳定而又微薄的。几年前，《伦敦时报》(*The London Times*)的一封来信披露，即使是非常知名并且备受尊敬的小说家，也无法靠自己的作品维持生计，这让很多人大跌眼镜，而理查德·范德雷特（Richard Findlater）在《作家》(*The Book Writers*)一书中进一步证实了这一点。许多作家只有通过从事广播工作、撰写评论或电影剧本，或者为报纸撰稿来挣钱养活自己。事实上，仅仅靠版税就能挣到足够的钱来维持生活的作家寥寥无几。

至少在英国，作曲家目前还无法靠自己的作品谋生。在一次广播中，伊莫珍·霍尔斯特（Imogen Holst）被问及为何她的父亲古斯塔夫·霍尔斯特（Gustav Holst）一直到去世前还在坚持教学，她说父亲喜欢教学时，接着又解释，由于经济方面的原因，他必须从事一些作曲以外的工作。如果连《行星组曲》(*The Planets*)、《埃格敦荒野》(*Egdon Heath*)和《耶稣赞美诗》(*The Hymn of Jesus*)——仅列举他最著名的三部作品——的作者都无法依靠作曲来谋生，那么成就和名望都无法与之相比的同时代的作者还能有什么指望呢？如今，正如霍尔斯特小姐所说，由于广播公司对新音乐的巨大需求，这种境况已经有些改善了。此外，技艺高超者可以从事为电影创作音乐的高回报工作，尽管我们难以确定，他们的创造力为此付出了怎样的代价。威廉·沃尔顿爵士（Sir William Walton）、马尔科姆·阿诺德（Malcolm Arnold）等人创作了一些非常优秀的电影音乐，但是因为必须将音乐与电影情节紧密地联系起来，这就意味着作曲家不能自行选择作曲的一个重要维度——长度。因此，大多数作曲家将电影音乐视为一种"陪衬"，并将其与真正反映自己创作个性的原创作品严格区分开来。

在视觉艺术领域，一些年轻的画家和雕塑家在早期就名声大噪，也因此获得了财富。但在每年从艺术学校毕业的大批聪明而有天赋的年轻人中，他们只占了很小一部分，而大部分年轻人将不得不进入工业设计和商业艺术领域，在那里发挥自己的才能。更高层次的创造性作品与经济报酬之间存在负相关的联系，而层次较低的作品却可以获得更为丰厚的回报，这对我们的文化来说是一种悲哀。新闻、广告、"流行"音乐和漫画的收入都远高于创作小说、交响乐或者绘画。约翰逊博士为了收入而进行创作的说法其实很难站得住脚。对于有能力的人来说，他们有比从事艺术更加容易的赚钱方法；而一位艺术家虽然确实可能会因为缺钱而被迫去创作，但他不太可能首先把它作为一种谋生的手段，如果他真的这样做，那真是误入歧途了。

艺术家不太可能通过创作获得财富和权力，因此我们可以摒弃这样一种观点，即他从事艺术创作的主要动机是为了获取财富或权力。弗洛伊德所列举的、作为"极为强烈的本能需要"的产物的其他目标呢？尽管如上所述，艺术家在赢得女性的青睐方面似乎并不比其他男性逊色，但似乎并没有太多证据表明他们更为成功。的确，有一类特殊的女性，把自己视为"精神的伴侣"（femme inspiratrice），因此她们会跟有创造力的男性在一起，相信自己能够滋养其才华。露·安德烈亚斯·莎乐美（Lou Andreas Salome）就是这样一位女性，她是奥地利诗人里尔克（Rilke）的情妇、尼采（Nietzsche）的阐释者，也是弗洛伊德的红颜知己。另外一位女性是阿尔玛·马勒（Alma Malher），她的第一任丈夫是奥地利作曲家古斯塔夫·马勒（Gustav Mahler）。在他去世后，她成了奥地利画家奥斯卡·科柯施卡（Oskar Kokoschka）的情妇。她与德国建筑师瓦尔特·格罗皮乌斯（Walter Gropius）有过短暂的婚姻，后来又成为波希米亚作家弗朗兹·魏菲尔（Franz Werfel）的妻子。毫无疑问，想要赢得这类女性的青睐，男性就必须有创造力，但是很难想象，会有哪位男性为了这个目的而刻意走上艺术的道路。人们常常认为，与大多数男性相比，艺术家在性生活方面更加混乱，因此他们可能更容易获得女性的性顺从——如果不能称为"女性的青睐"的话，但相关的证据并不确凿。

在对古希腊罗马时期至法国大革命期间的画家进行研究后，艺术史学家鲁道夫和玛戈·维特科夫尔（Rudolf and Margot Wittkower）在《土星之命》（*Born under Saturn*）中写道：

> 本章所探讨的主题——艺术家的浪漫史——是一个在不同学者之间存在着极大争议的话题。有些人发现艺术家表现出明显的独身倾向，而另一些人则坚持认为他们大多数都四处留情，甚至滥交。19世纪的传记作家经常把过去的艺术家描述成单纯而坚定的顾家男人，而与此相反的故事要么被视为例外，要么被视为恶意的、无中生有的。相比之下，现代作家容易在过去和当代的艺术家身上发现一种同性恋倾向。
>
> 问题的关键在于，每一种观点都有证据支持。有多少艺术家保持单身，就有多少艺术家婚姻幸福，其数量旗鼓相当。同样，有多少艺术家厌恶女性，就有多少风流浪子。

以伊恩·弗莱明为代表，我们已经看到有一类作家，的确在现实和幻想中都是一位风流浪子；并且正如弗洛伊德所说，他之所以纵情声色和创作小说，一部分原因是未曾得到性满足。但是，我们不可能认为所有的艺术家都有着同样的动机。

之前，我引用了埃斯勒博士在关于贝多芬的著作中的观点，即只有以牺牲性愉悦为代价，才能创造出天才的作品。"只有对永久客体的依恋受到阻碍，对客体的强烈渴望才会产生，而这种渴望会让他们替代性地创作出完美的艺术作品。"的确，达·芬奇本人有禁欲倾向，并不赞成所谓的"淫荡的快乐"，并试图尽可能地压抑自己的情欲。可是，另外一位天才画家拉斐尔（Raphael）却有许多风流韵事，而画家鲁本斯（Rubens）和雕塑家贝尼尼（Bernini）的婚姻似乎都很美满，并且他们都堪称模范丈夫。除非埃斯勒博士认为，只有达·芬奇、米开朗基罗和其他一些艺术家才能创作出"完美的艺术作品",否则,至少在此时此地,他所提出的艺术总是源于缺少令人满意的爱情关系这个假设是站不住脚的。加上"至少在此时此地"这几个字是因为,结合第一章的内容我们不难想象,在某些情况下,艺术家可能会因为童年的失望和不满而进行创作,这是毫无争议的;其中,与父母关系的失败或者缺失起着非常重要的作用。埃斯勒可能会争辩,一个遭受严重剥夺的人不可能建立"对永久客体的依恋";然而,尽管对有些人来说确实如此,但这显然并不适用于所有人。在这里,有两个问题是存在争议的。首先,对永久客体的依恋,无论多么令人满意,是否可以真正完全地对不幸的童年做出补偿?也就是说,一个人的前生殖期性欲不太可能在成年的生殖期关系中得到满足。其次,埃斯勒认为,艺术作品就是艺术家所爱之人的直接替代品,这一观点也遭到了否定。从创造性人才的生活来看,事实并非如此,并且弗洛伊德本人也不赞成这个观点。

在早期的一篇论文《"文明"的性道德与现代人的神经症》(*"Civilized" Sexual Morality and Modern Nervous Illness*)中,弗洛伊德写道:"个体究竟会有多少性活动,能够将多少性本能用于升华,存在着明显的个人差异和行业差异。禁欲的艺术家实难想象,但禁欲的年轻学者却司空见惯。艺术家的艺术成就受到了性经验的强烈刺激,而年轻学者则因对性的控制而专注于研究。总之,我认为禁欲不可能造就充满活力而自立的人,也难以产生创造性的思想家、勇敢的解放者或改革者,倒是容易造就一批循规蹈矩的弱者,他们在芸芸众生中失去了自我,并不情愿地听任一些强者的摆布。"如果我们把这段话与他的其他引文进行对照,弗洛伊德在讨论艺术家时自相矛盾的心理就再次显露无遗了。不过,这与本章的主题无关。

言归正传,我一直讨论的问题是,艺术家从事某一门艺术,是否可能是满足其对权力、财富或爱的渴望的有效方式,而并不代表其转向了幻想,将艺术作品作为替代品。我的结论是:通过其他方式更容易获得财富,权力则基本与艺术家无缘,而在获得爱情方面,艺术家可能与其他男性不相上下。但是,荣誉和名望呢?有些艺术家是否会因为希望被公众认可而努力创作,并且从事艺术有可能会让他直接获得这种认可呢?

在这一点上,我们必须保持谨慎的态度。尽管追求荣誉和名望不太可能是艺术家进行创作的主要动机,但很可能是次要动机。在医学或者法律等诸多行业中,成功可能会带来荣誉和一定程度的名望,但一般仅限于小范围的专业圈子。即使是受过教育的大众,又能够知晓多少位医生或者律师的名字呢?但是,一位成功的作家可能会发现,自己的名字已经家喻户晓,相当多的画家为大众所熟知,而一些作曲家也同样很知名——尽管公众对音乐家的认可更多地授予了演奏家。在很多情况下,艺术上的成功确实会带来名望,有时还会带来荣誉。艺术家是否特别需要这种认可?这种动机是不是在驱使着他?

因为被拒绝而没能成为神父的罗尔夫,在他成为教皇的虚构幻想中,天真地表达了对荣誉和名望的渴望。他是否也曾幻想过成为一位伟大的作家呢?几乎可以肯定的是,他确实做到了,尽管再多的认可也无法给那个饱受磨难的灵魂带来慰藉。但讽刺的是,在去世之后,他作为作家的功绩才引起人们的极大关注。很少有人对名望无动于衷,而在无人认可、毫无回报的情况下,仍然孤独地追求着内心使命的艺术家实在是凤毛麟角。然而,确实有一些这样的例子。一位是希腊作曲家尼科斯·斯卡尔科塔斯(Nikos Skalkottas),他的作品虽然很少被演出,但逐渐获得了越来越高的知名度。斯卡尔科塔斯出生于1904年,后来他成了一名小提琴演奏家。但他却放弃了这一职业,转而拜奥地利作曲家勋伯格(Schoenberg)为师,在1927—1931年跟随他学习。在人生的这个阶段,他的内心世界发生了重大变化,导致他几乎完全离开社会生活——不再与朋友们讨论音乐,而是完全断绝了与外界的交流,以至于外界从未听过他1933年之后创作的任何重要音乐作品。在关于斯卡尔科塔斯的文章中,J. G. 帕帕约安努(J. G. Papaioannou)将这一变化归因为"客观存在的生活困难"。但这似乎无法解释斯卡尔科塔斯为何"在一个完全与世隔绝的自我世界里"生活和创作。因此，更有可能的是，他患上了精神分裂症。

不管真相如何，斯卡尔科塔斯强迫性地持续创作着。在1949年去世时，他留下的作品数量超过了勋伯格、贝格（Berg）和韦伯恩（Webern）这三位作曲家作品的总和——他留下了大约12部交响乐、14部协奏曲和50多部室内乐。要超过韦伯恩的作品数量并不困难，但勋伯格非常多产，贝格也很勤奋。直到他去世，在这些庞大的作品中，几乎没有一部被出版或者被演奏。但是，根据专业人士的意见，斯卡尔科塔斯的大部分作品都是原创的，质量也很高。对于任何一位艺术家来说，在完全与世隔绝的情况下创作出如此多的作品，甚至连亲密的朋友对此都一无所知，而且也没有寻求公众对他才华的任何认可，这一切肯定是极不寻常的。尽管创作是一项孤独的事业，但在大多数情况下也是一种交流的形式——当然，正如我们将要看到的，也有一些科学家对自己提出的新概念讳莫如深。大多数艺术家都乐于成名，而有些艺术家无疑会因此而堕落。

在这个时代，名望比以往任何时候都更容易被制造出来，但也更为短暂。电视、广播和现代广告技术可以让人们一夜成名，而这在以往任何时代都是不可能实现的。要成为"电视名人"，并不需要其他的技能，只需要足够机智，并且在公众面前表现得镇定从容——这是一种前所未有的当代现象。现在，一个人可以仅仅因为得到广泛的认可而出名，不需要其他原因。与成为电视明星相比，通过从事艰苦的艺术创作而获得名望的难度要大得多。因此我们可以假设，那些特别渴望成名的人必然会立志成为电视明星，而不是艺术家。但事实并非如此，尽管艺术家对名望的渴望似乎往往比大多数人都强烈，但是对于名望和荣誉的渴望是艺术家动机的一部分，仅仅是一部分。这种渴望与艺术家的整个人格和艺术创作紧密相连。与电视名人或者模特不同的是，艺术家对名望的渴望无法单独得到满足。名望对许多艺术家来说是一种鞭策，但成名是他们在艺术实践中获得成功所带来的结果，不能把它看作一种孤立的现象。

第四章

作为防御的创造性

在上一章，我确定地提出了不能简单地将创造性人才看作一个失望的人，因为在现实中一个人无法满足自己的欲望才转向幻想。一个人因为碰巧拥有某种特殊的技能，就必然会从事创造性活动，这似乎也不太可能。此外，尽管人们承认，在某些特殊情况下，成为作家、作曲家或画家可能会给一个人带来名望，让他更容易征服女性，获得财富，甚至偶尔会获得荣誉和权力，但是人们同时也认为，弗洛伊德所列出的这些传统意义上的奖赏，可以通过其他更加轻松的方式来获得。

谈到这里，批评家可能会打断我并指出，并非所有创造性人才都觉得自己的工作很辛苦。的确，本书第二章所讨论的小说就是个很好的例子。在未婚妻的鼓励下，伊恩·弗莱明在43岁时开始写他的第一本书，并在两个多月里就完成了。能在如此短的时间内写出6.2万字，这实在是一项了不起的成就。但浪漫小说家们有时更加多产，可以在一年的时间里毫不费力地写出很多本书。温斯顿·格雷汉姆（Winston Graham）在《作者》中讲述了一位女性小说家的故事，有一年，她生了一个儿子。第二年圣诞节，当"我"去拜访她时，"我"问："梅，你今年写了多少本书？"她带着歉意回答："嗯，只有6本。不过后来我生了罗伯特。"

还有一些小说以极快的速度写就，质量也相当高。苏格兰作家罗伯特·路易斯·史蒂文森（Robert Louis Stevenson）以每天一章的速度写完了《金银岛》（*Treasure Land*）的16个章节。在这个时候他遇到了阻碍，但是仅隔了很短的一段时间，他就又以同样的速度继续写下去。英国小说家赖德·哈格德（Rider Haggard）只花了6周多的时间就完成了《她》（*She*），写作的速度达到了"白热化"。可以说，在某些情况下，作家能在极短的时间内完成作品，是因为在此之前，这个想法已经酝酿了很长时间。经过多年的深思熟虑之后，作家可能会在短短几周或几个月内把它呈现为完整的作品。但是当然，并非所有的例子都是如此。很多创作速度极快的作品似乎都属于幻想或者浪漫文学的范畴。重要的是故事本身，而不是人物或作者对生活的思考。这显然适用于女性题材的浪漫小说，"007"系列小说也是如此。《她》比两者更优秀，《金银岛》则属于完全不同的一类。然而，尽管这两部小说都很精彩，为一代又一代人带来了兴奋和娱乐，但人们很难通过它们来丰富自己对生活的理解或者对人性的把握。它们仍然属于逃避现实的文学（escapist literature）这个范畴。

然而，当之无愧的经典之作是能够以极快的速度完成的。意大利作曲家罗西尼（Rossini）写道，他在13天内完成了《赛维利亚的理发师》（*Il Barbiere di Siviglia*）。有人指出，哪怕是一位熟练的抄写员，也需要这么长时间才能抄完这600页乐谱。1788年夏天，莫扎特在大约6周的时间里完成了最后三部交响曲，即K.543、K.550和K.551，这些也是他最伟大的作品。舒伯特在1828年9月创作了最后三首最优秀的钢琴奏鸣曲，几个星期之后的11月19日，他便与世长辞了。同样在1828年9月，他还完成了奇迹之作C大调弦乐五重奏（D.956），以及声乐套曲《天鹅之歌》（*Schwanengesang*，D.957）。鉴于舒伯特对死亡的接纳和顺从，不太可能是死亡本身激发了他的创作。德国音乐评论家阿尔弗雷德·爱因斯坦（Alfred Einstein）认为，舒伯特甚至可能会像他创作的《死亡与少女》（*Death and the Maiden*）中所预示的那样，把死亡当作自己的一位朋友，欣然迎接它的到来。

将你的手给我，这美丽而温柔的生灵！

我是一位友人，并非因惩罚而临现。

放心吧！我并不粗鲁。

愿你在我的双臂中静静安眠。

"在他的D小调四重奏（D.810）中，舒伯特让死亡化身为一位年轻而温柔的朋友。"在谈到舒伯特的艺术歌曲《夜莺》（*An die Nachtigall*）时，阿尔弗雷德写道，"它是面对不可避免的死亡和告别时所做的爱的告白，总是让我深深感动。"

这两位伟大作曲家的精彩作品堪称人类的瑰宝，让我们的体验更为丰富和深刻。然而，这些作品都不可能是冥思苦想或者反复修改的结果。有证据表明，如果舒伯特还有更多时间的话，他可能会对弦乐五重奏的最后一个乐章再仔细斟酌一番；但是，对于莫扎特的钢琴奏鸣曲来说，情况并非如此。与舒伯特不同，莫扎特在创作钢琴奏鸣曲时离去世还有三年的时间，但再多的修改都不太可能让G小调交响曲或"朱庇特"（Jupiter）交响曲变得更加完美。事实上，尽管"朱庇特"交响曲的乐谱中有一些改动，但是莫扎特的杰出之处在于，他几乎不需要写草稿，也很少修改乐谱。的确，献给海顿（Haydn）的6首四重奏有很多改动。正如他自己在给海顿的献词中所说："啊，伟大的人，我最亲爱的朋友，这就是我的六个孩子。的确，它们是我长期艰苦努力的结晶……"然而，这并不能改变一个事实，莫扎特进行完整思考的能力达到了惊人的程度。埃里希·赫兹曼（Erich Hertzmann）在《莫扎特的创作过程》（*Mozart's Creative Process*）一文中写道：

根据现存的一些草稿和片段，我们可以对莫扎特的创作过程得出明确的结论。他不需要外界的激发就可以涌现出音乐创作的灵感，它们出现在他的脑海里，浑然天成、完美无缺。贝多芬会不断尝试去调整自己的音乐灵感，直到找到表现一个主题的明确形式为止，而莫扎特与之相反，他所迸发的第一个灵感起着决定性的作用。并且，莫扎特的所有主题都具有完整性和统一性，是一个格式塔（Gestalt）。

然而，人们普遍认为，莫扎特的奇迹是独一无二的。在完成创作的过程中，历尽磨难和痛苦是司空见惯的现象。从作家和作曲家自己提供的描述来看，他们确实在开始时遇到过困难，经历过挫败和不满，也曾误入歧途。他们必须反复地进行修改，直到写出理想的作品。对于一个新概念的最初阶段来说尤其如此。一些创作者会在一个新想法还没有在头脑里完全成熟的时候就开始创作，因此，他们开了好几次头，进行了多次修改。如果他们没有操之过急，这些修改可能是不必要的。早在1926年，英国心理学家格雷厄姆·沃拉斯（Graham Wallas）就指出，创造性问题的解决始于"准备"阶段，在这个阶段，人们会从多个不同的角度对主题进行调查和研究。在这之后，通常会有一段"孵化期"，在这段时间里，人们需要放弃对问题的有意识思考。然而与此同时，重要的无意识或前意识过程，即某种初步的"扫描"和重新排列会在大脑中发生。如果想要找到一种新的、令人满意的模式（pattern），这是绝对必要的。我们将会看到，许多创作者既是主动的执行者，又对自身和他人的新思想采取被动接受的态度，因此他们对这个需要耐心等待的孵化期极其反感。尤其是那些从小就被教育无所事事是一种罪恶、兢兢业业是一种美德的人，他们很难相信，有时候被动比主动更有利于取得成就。在《记忆里的肖像》（*Portraits from Memory and Other Essays*）中，伯特兰·罗素（Bertrand Russell）以他一贯的清醒提供了这样的例子。

渐渐地，我找到了以一种最低程度的焦虑与不安状态从事写作的方式。在我年轻时，一个新的严肃的作品总是用掉我一段时间——也许是很长一段时间，我每每感到好像非我的能力所及。我会把自己从恐惧——害怕自己写的永远不对头——折磨成神经质状态。于是，我做出一次又一次无法令自己满意的重写尝试,而最后不得不把它们一一丢弃。我终于发现这种胡乱摸索的努力只是在浪费时间。看来对我较为适合的方式是,在第一次思忖一本书的主题之后,对这个主题给予认真的考虑,然后要有一段潜意识的酝酿时间——这是不能仓促行事的。要说有什么阻碍的话,那就是我会过分地深思熟虑。有时候在过了一段时间后,我会发现自己出了错,以致无法写出我想要写的书。不过我的运气一向较好。通过一个极其专心的阶段——这个阶段中我把问题深植于我的潜意识,它便开始秘密地成长,直到解决方案突然清晰地浮现在眼前,因此我只需要把这些内容书写下来,就如同得到上帝的启示一样。

因此,我们可以分两种情况来看待创作的速度。在莫扎特和舒伯特的例子中,他们的孵化期肯定都非常短,而且他们把新作品写在纸上所花的时间也非常短。在其他例子中,孵化期可能会很长,而形成新概念所需的时间可能很短。在《物种起源》(On the Origin of Species by Means of Natural Selection)出版之前,达尔文关于自然选择的革命性思想至少酝酿了20年,但他写出这本书并没有花费太长时间。当然,孵化期如此漫长也存在社会因素,因为他的想法完全颠覆了传统的宗教信仰。有时候,孵化和执行的时间都会延长。德国作曲家勃拉姆斯(Brahms)直到43岁才完成他的第一部交响曲。然而早在20年前,他就已经写下了这部交响曲的草稿,并把它拿给德国钢琴家克拉拉·舒曼(Clara Schumann)看过。

显而易见,创作的过程往往是痛苦的。通过贝多芬的速写本,我们可以看到他被迫频繁地修改和重写自己的音乐。英国作家萨克雷(Thackeray)这样形容自己:"我在白纸面前枯坐了几个小时,既写不出一行字,也无法做其他任何事。"乔治·桑(Georges Sand)则这样描述肖邦:"把自己关在房间里一整天,哭泣、踱步、折断钢笔,不下一百次地重复和修改一个小节,花费整整6个星期写一页乐谱。"如果这是肖邦惯有的创作模式,那么他能在短暂的一生中创作出如此多的音乐作品，真是太令人钦佩了。

因此，虽然并非所有高质量的创造性作品都来自痛苦的努力，但这足以让人感到好奇，为什么人类在孕育新观点的过程中会甘于忍受这样的挫折和痛苦。因为在很多时候，特别是在创作者年轻而缺乏经验时，他们需要付出相当大的努力，而得到的回报却可能很微薄。一种可能的解释是——用精神分析的术语来说——创造性活动被用作一种防御（defence）。根据精神分析理论，人类的自我（ego）很容易受到焦虑的影响，因为焦虑是一种不愉快的体验，因此自我试图保护自己，对焦虑进行防御。焦虑可能是我们在外部世界都会遇到的危险或者不幸导致的。或者，焦虑可能产生于心灵本身，来自良知谴责（bad conscience），即超我（super-ego）的威胁，或者来自本我的威胁（因为本能要求得到满足）。因此，自我受到这三个方面的困扰，于是采用了许多不同的技巧来应对和处理它所面临的焦虑。这些技巧就是各种"防御"。

安娜·弗洛伊德在1966年出版的《自我与防御机制》（*The Ego and the Mechanisms of Defence*）的前言中写道，此书"专门讨论了一个特定的问题，即自我通过什么样的途径和方法来抵挡不愉快和焦虑，并控制冲动行为、情感和本能冲动"。她总共列出并详细讨论了10种防御机制，包括压抑、反向形成、投射、内摄和升华，以及其他非精神分析专业人士不太熟悉的防御机制。在考虑创造性活动时，升华当然是我们首先想到的防御机制。在本书的第一章，我对升华进行过详细的讨论。和我提到的其他防御机制一样，升华可以被视为一种处理本能冲动特别是前生殖期冲动的方式，它将这些冲动重新导向可以被社会接受的渠道。正如安娜·弗洛伊德所言，并且我也注意到，与自我的其他防御策略相比，升华属于一个稍微不同的类别——"正常人群"和神经症患者都会使用它，并且，升华其实是文明不可避免的要求。然而，在这种情况下，我们更加关心安娜·弗洛伊德对防御的第一个定义，而不是第二个定义。也就是说，我们不会认为创造是控制或者重新引导本能冲动的一种方式，而可能是自我用来"抵挡不愉快和焦虑"

的一种方法。

当然，许多与创造性并没有直接联系的活动也可以被用作一种防御。在精神病学实践中，经常会遇到这样一些人：他们热衷于各种各样的活动，其目的并不在于活动本身，而是因为进行这些活动可以让他们免遭精神上的痛苦体验。因此，一位男士把他的车开到高速公路上，并不是因为他想去什么地方，而是因为他不想面对自己，而高速驾驶可以让他对外部世界保持高度的专注，这能帮助他暂时逃离。一位家庭主妇忙着做一些不必要的擦拭和清洁，是因为如果她有片刻闲暇，就会感到内疚或者觉得自己没有价值。我认为，创造性活动可以被用作防御，并且从几个方面来看，它都特别适合被用作防御。

创造性活动所防御的"不愉快和焦虑"的状态是什么？费尔贝恩（W.R.D. Fairbairn）是一位不拘泥于传统、具有独创性的精神分析学家，他所写的《精神病及神经官能症精神病理学的修正》（*Revised Psychopathology of Psychoses and Psychoneuroses*）这篇论文，与我们探讨的内容有很高的相关性。在他看来，存在两种患者需要防御的基本的精神痛苦状态，即抑郁状态（depressive state）和分裂状态（schizoid state）。抑郁状态的情感特征是绝望和痛苦，分裂状态则与空虚感和无意义感有关。尽管用这些词语来形容两种状态的区别似乎并不是很精确，但进行这样的区分是有充分理由的。正如那些经历过这两种状态的极少数人所证实的那样，分裂状态的冷漠（apathy）与抑郁状态有着本质的不同；不仅如此，这两种状态往往发生在气质和人格结构截然不同的人身上。按照奥地利精神分析学家梅兰妮·克莱因（Melanie Klein）的理论，那些被空虚感和无意义感所威胁的患者仍然停留在"偏执－分裂心位"（paranoid-schizoid position）的早期阶段。宽泛地说，他们具有内倾或者分裂的特征。而那些遭受痛苦和绝望的患者，在情感发展上更进一步，但仍然停留在"抑郁心位"（depressive position）的早期阶段，他们具有更加外倾的特征。这两个早期阶段都属于弗洛伊德所说的口欲期，前者与伴随着吸吮和吞并（incorporation）行为的原始情感有关，而后者则与啃咬和吸吮，或者说发现和处理提供食物与爱的照料者的攻击性情绪有关。因此从理论上说，分裂状态和抑郁状态都源于婴儿在出生的第一年所遭受的剥夺和不幸。

精神分析学派通过对过往的再现来解释心理现象，总是喜欢追根溯源，将深层次的心理问题归因到"早期"。因此精神分析学家认为，严重的异化（alienation）和痛苦（misery）状态，即分裂状态和抑郁状态都必定起源于婴儿早期。其他流派的心理学家或许未必会对此表示赞成，但大多数精神科医生都会承认，分裂气质和抑郁气质是可以区分的，而且两种人格类型的精神痛苦状态也有着本质的不同。无论抑郁气质者有多么忧伤，观察者通常都能感觉到存在进行情感接触的可能性。并且，他也许能感觉到隐藏在痛苦背后的被压抑的愤怒。而分裂气质者则显得沉默寡言和难以接近，他拒绝与其他人接触，也不会与他们交流自己的情感，因而人们更加难以理解他的心理状态。如果他是一名精神分裂症患者，那么缺乏与外部世界和他人的联系这一点就会变得更加明显，因此其言谈举止会显得不合逻辑且无法预测。

按照费尔贝恩的观点，儿童在发展过程中遭受的情感困扰，导致其日后容易退回分裂状态或抑郁状态，这是所有常见形式的神经症的基础。事实上，他认为歇斯底里、恐惧、强迫和偏执的症状本身就是对分裂性冷漠或者抑郁的防御。换句话说，如果在精神分析的过程中，患者的神经症症状得以消除，那么他将不得不面对自己真正的、最为核心的情感问题。这些问题总是与他早年和母亲的关系有关，或者可以用这种关系来解释，毕竟母亲是孩子世界中最重要的人。并且，只有与母亲进行良好的互动，孩子才能在成年后有效地调节自己的情绪。我们现在有充分的理由证明，这一假设在客观上是正确的，并且在精神分析的实践中也具有不可忽视的实用价值。研究表明，如果让灵长类动物的幼崽在很小的时候与母亲长时间分离，并且不允许它们与同伴交往，就会给它们造成不可逆转的伤害，使它们在成年后无法进行交配或建立正常的社会关系。

避免退回抑郁状态或者分裂状态显然是至关重要的。而为此采用的任何一种方法，无论需要花费多少努力，都是当事人乐于接受的解脱之道。我们试图搞明白，为什么有些人即使看不到创造性工作可以马上带来回报，并且这种工作困难重重、极其费力，却还是会坚持不懈。如果能够证明，与神经症症状（在费尔贝恩的精神病理学框架中）一样，创造性工作也具有防御的功能，或许就有理由认为，我们至少已经找到了问题的部分答案。

我们当然可以证明，一些创造性人才具有分裂气质或者抑郁气质，并且以一种防御的方式运用自己的创造能力。这一点在抑郁气质的人身上尤为明显，但是也有证据表明，分裂气质者也会以同样的方式运用他们的能力。对这些问题的思考让我们越来越明显地看到，某些类型的创造性思维只会对应于某些类型的气质；当我们考虑分裂气质的创造性人才时，情况尤其如此。

此外，创造性活动有时被用作防御这个假设为我们提供了一种解释，说明了为什么创造性人才总是如此重视自己的工作，以至于我们可以称之为成瘾。他们孜孜不倦地从事创造性活动，从不休息片刻。如果他们被迫停下来，就会感觉到痛苦，甚至会生病。正如糖尿病患者离开胰岛素就会病入膏肓一样，如果无法进行创造性工作，他们可能会精神失常。这个假设也可以用来解释，为什么极少数的艺术家（例如我在前面提到的斯卡尔科塔斯）在无法得到认可的情况下也会坚持创作。如果创造性工作可以保护一个人免受心理疾病的困扰，那么他如饥似渴地沉湎于此也就不足为奇了；而且，即使他力图避免的心理状态仅仅是轻微的抑郁或冷漠，在创造性工作没有带来显著的外在利益的情况下，这也可以作为他进行创造的一个令人信服的理由。

创造性活动或其他活动都可以被用作防御，但这一事实并不意味着它们总是被这样利用。我们也不能断言，这个假设揭示了驱使每一位艺术家或科学家进行创造的动力。但是显而易见，这就是驱使着一部分创造性人才的动力。接下来的章节将专门描述分裂气质和抑郁气质，并给出一些例子，说明这些气质是如何与创造性产生关联的。

第五章

创造性与分裂型人格特征

精神病学家所谓的"分裂"（schizoid），其特点是超然（detachment）和情感隔离。通常，具有这种人格结构的人似乎很冷淡，并且明显表现出令人生厌的优越感。他们缺少正常的人际交往，让人感觉他们并不关心甚至超脱于普通人的日常琐事，和别人待在一起的时候，他们会显得"不谙世事"或者"格格不入"，无法融入别人当中。一般来说，人们会指责分裂特质者对他人"敬而远之"，回避亲密关系。这种指责实际上是有道理的，因为他们感觉自己必须这样做。有时，会有人说他们"戴着面具"。这样的观察也是准确的，因为分裂特质者会习惯性地扮演某些角色，他们在理智上认为这些角色是恰当的，但它们却并不能反映出他们的真实感受。所以，他们可能会认为在道德层面自己应该慷慨、机智或者体贴，并且因此适当地表现出这些品质。但是，由于他们的行为只是出于理智的决定，并不代表自己的真实感情，因此很有可能只会让别人觉得他们过于彬彬有礼。他们似乎并不了解人之常情，无法与他人产生某种共鸣，更不用说与他人亲近了。事实上，他们的思维与感觉是分离的，这是精神分裂症中"情感失调"（incongruity of affect）的胚胎形式——精神科医生对此非常熟悉。这种失调可以对患者行为和反应的不可预测性做出解释，因为对于观察者来说，患者口中的言语和他表现出来的情绪似乎完全无法对应。

我曾提到，分裂型人格障碍很可能源于婴儿早期与母亲的关系问题。无论是否如此，毫无疑问的是，分裂特质者会将别人早已摈弃的婴儿发展阶段的人生态度和情感反应带入成年期。一个人越是从根本上缺乏安全感，就越难以超越他最初的情感态度，或者当他遇到糟糕的事情时，就会倒退到某种状态，在这种状态下，最初的情感态度会变得明显。

人类婴儿来到这个世界时是无助的，这使他在身体和精神上都很脆弱。如果他的基本需求得到了充分满足，就会获得自信和安全感。这就是美国心理学家埃里克森（Erik Erikson）所说的"基本信任感"（sense of basic trust）。但是，如果他的需求未得到满足，或者由于母亲的死亡或失踪而突然遭受情感剥夺，他就可能对他人产生一种基本的不信任，让他觉得在情感上对他人投入是危险的。换句话说，爱与被爱似乎都充满风险和焦虑，因此他们在成年后，往往会避免情感的投入。然而，恰恰是这种情感的投入赋予了生命意义，因此他们可能会觉得生活本身似乎毫无意义。正如上一章所述，他们会受到空虚感的折磨。由此带来的结果是，分裂特质者特别热衷于从事物中而不是人身上寻找意义，这一事实与创造性高度相关。当然，正是因为与他人进行情感接触看起来很危险，分裂特质者才会保持冷漠和孤僻。

分裂特质者的第二个特征是自相矛盾。与其他人相比，他们极其脆弱；与此截然相反的是，他们又有一种优越感，甚至是潜在的全能感。这两种对立的特点奇妙地组合在一起，似乎源于他们婴儿期的感受：一方面，他们是无助的生物，完全受成年人的摆布；另一方面，由于自我与其他客体没有明确地分化，整个世界似乎都充满自我。此外，如果婴儿比较幸运，他的需求及时得到了满足，那么他的全能幻想就会被现实所强化。如果一个孩子只需要大喊大叫，就会有人过来照顾他，那么他就很容易保持自己是宇宙中心的幻想。我们应该都会赞同：孩子们既以自我为中心，同时又相对缺乏能力，经过一段时间，他们才能慢慢发现，不能总是指望别人为他们做所有的事情，并且他们也有能力照顾自己。全能和无助同时存在，只不过是这种尽人皆知的童年倾向的夸大，源于孩童时期的自我中心和依赖。孩子一开始说话，就可以从他们的话中清楚地看到，他们既憎恨自己实际的弱势地位，又幻想着自己变得无比强大。只要看看他们和大人玩的游戏，就会明白孩子的一个重要愿望就是"像父亲那样高大而强壮"。对力量的幻想是成长的重要组成部分，因为正在长大的孩子会接触到他觉得自己缺少但成年人却拥有的力量，这种力量让他心生羡慕。随着正常儿童在自己的家庭和同龄伙伴中成长，通过与他人互动，他对自己在人类社会中的实际地位有了真切的认识。在家里，父母的地位可能仍然在他之上，但是他的兄弟姐妹有的比他年幼，有的比他年长，向他展示了人类力量和责任的不同情形；而与他在街道、游乐场和学校互动的同龄人，则证明了尽管有些人比他更有能力，但也有一些人不如他。

分裂特质者常常无法对自己在人类社会中的地位形成现实的认识，因为在生命的早期，他们就停止了与同龄人的真实互动。因此，一方面，他们往往感到自己极其软弱无能，另一方面，他们又对力量抱有幻想，这两种想法都是不符合实际的。而且，一个人通过与外部世界的人和事物互动而获得的满足感越少，他就越容易沉浸于自己内心的幻想世界。这是分裂特质者的一个显著特点，正如我所说，他们在本质上是内倾的，专注于内在，而不是外在的现实。

我们不妨回顾一下一位男性的案例，来看看自卑感和全能感是如何共存的。他的主诉是恐惧和焦虑。他对别人可以对他为所欲为的情境无比恐惧，因此宁愿死去也不愿意接受手术。对他来说，任何有一丁点儿权威的人都是潜在的阉割者——弗洛伊德早年所定义的阉割。他无法忍受舞台或银幕上有关暴力的任何描绘，除非他能确保自己找到一条逃生通道，因为他总会设身处地把自己想象成受害者。这说明他在其他人面前始终感到自己处于弱势地位。然而，他同时又觉得自己无所不能，至少在童年和青春期是这样。和许多分裂特质者不同的是，他非常健壮勇猛，也因此在学校里赢了所有他参与的打斗。此外，他天生智慧过人，因此在学业上超过了同龄人，在大多数科目上都是佼佼者。他的内心是孤独的，对自己缺乏信心，尤其是在涉及情感的关系中，因为他不相信自己是可爱的，只相信自己是强大的。只要能继续保持成功，他就可以维持完整的自尊；相信自己比别人高出一筹的内在信念，可以很好地替代自己是可爱的这种感觉，只要这种信念能持续下去。

如我所说，这位男性害怕拥有权力的人对他使用暴力。其他的分裂特质者，则更加关注他们所害怕的照料者的随意性和不可预测性。在现实中，一个小小的孩童是任由其管理者摆布的。如果他的需求以一种相对合理的方式得到满足，他长大后就会认为这个世界同样是相对可预测的。如果他在饥饿的时候可以吃饭，疲惫的时候可以睡觉，高兴的时候有人陪他玩耍，又脏又湿的时候有人给他清洁身体，那么，在外部世界所发生的一切与他自身的感受之间，似乎有一种紧密的联系。可是，假设这一切都没有发生，又会怎么样呢？如果他母亲喂他的时候只考虑自己是否方便，而不管他饿不饿；在他困倦的时候让他保持清醒；在他想玩的时候却让他睡觉；换尿布的时间也不规律，无论他是否需要——显而易见，对这样的孩子来说，这个世界就是被反复无常的巨人统治着。这些照料者并不了解孩子的需求，因此无法让孩子将照料者的行为与他自己的感受联系起来。不难想象，孩子的内心世界与外部世界之间的这种错位，必然会让他更加专注于自己的幻想，并产生一种绝望感，因为他永远无法从外部世界获得满足，也无法理解那些看起来完全随意的事物。

奥地利作家卡夫卡（Kafka）就准确地描述了这样的世界。例如，在小说《审判》（*The Trial*）中，他描述了约瑟夫·K（Joseph K）如何被逮捕并被指控犯下一项莫须有的罪行，然后被带到一个运作方式极为神秘的法庭。

> （法庭的）这些官员在许多方面都像小孩子。这些官员往往会为鸡毛蒜皮的事情而大光其火——不幸的是，K的行为绝不能算是鸡毛蒜皮——甚至对老朋友也闭口不言，对他们十分冷淡，还要想尽方法来反对他们。可是，突然之间，完全出人意料且也没有任何特殊理由，这些

官员又会让一个无关紧要的笑话引得哈哈大笑,而这种笑话是因为你觉得对自己没有什么害处才敢说出来。这样一来,他们又成为你的朋友了。跟他们打交道既困难又容易,你几乎无法规定跟他们交往的任何固定原则。

这就是一个不快乐的、孤僻的孩子进入成年生活之后的世界。对于一个成长经历相对正常和健康的人来说,他很难想象这样的世界——在这个世界里,自身的感受与外部世界所发生的事情毫无关联。不过,可以假设他被送到某个异国他乡,在那里,人们的语言和习俗都是完全陌生的,点头表示"不"而摇头表示"是",叫喊和跺脚是赞成的意思,而平静的微笑和话语则表示极度的厌恶。在那里,吃饭是一件非常私密的事情——从来都没有发生过两人共同用餐的事,而性行为则是极其随意的,并且完全公开。

从英国人类学家格雷戈里·贝特森(Gregory Bateson)等人的研究中我们了解到,至少有一些精神分裂症患者在童年遭遇过贝特森称之为"双重束缚"(double bind)的情境。这些情境通常是由言不由衷的父母造成的。他们嘴上说着"你是个好孩子"或者"我爱你",但所用的语气却传达出完全相反的信息。这就造成了感受与表达之间的错位,让幼小的孩子感到极其困惑,因为他更多地通过对方的动作和语调,而不是通过他们的语言来"理解"他们。或者,孩子可能会被置于这样一种境地,就是他无论怎么做都是错误的。例如,父母告诉他可以出去玩,但要小心不要把自己弄脏——在很多情况下,这些指令都是自相矛盾的。在《审判》的另一个段落中,卡夫卡描述了这样一个情境:一位厂商来到K担任评估员的银行向他咨询,然后又去与他的上级副经理进行协商。"厂主一边哀叹着他的建议遭到了评估员的冷待,一边用手指着K。K看到副经理,又低下头去看文件。后来,这两个人倚着他的写字台,那个厂主拼命想使这位新来的人赞许他的这份报表,K觉得仿佛有两个硕大无比的巨人在他头顶上拿他来做交易。"

据卡夫卡的传记作者马克思·布罗德（Max Brod）所说，卡夫卡终其一生都认为父亲拥有一种神奇的力量，并且渴望获得他的认可，但他觉得自己从未如愿以偿。在36岁时，他写了一封《致父亲的信》（*Letter to My Father*），在这封长信中，他试图描述他们的父子关系。显然，卡夫卡内心强烈而毫无来由的罪恶感在《审判》中表现得如此明显，根源正在于他总是感觉自己不如父亲，并且动辄犯错。在写《致父亲的信》时，卡夫卡的初衷是想纠正他们的关系，但后来却改变了想法，因为卡夫卡意识到，除了父亲傲慢无礼的行为之外，软弱也是导致自己失败的原因。在信的末尾，卡夫卡假设父亲会这样回答自己的种种指控："我承认，我们在相互争斗，但是有两种争斗。一种是骑士式的争斗，两个独立的对手进行着力量的较量，胜败存亡都是个人的事。一种是虫豸的争斗，虫豸不但蜇刺，而且还吸血以维持自己的生存。这才是地道的职业军人，而你便是这样的职业军人。你没有生活能力，为了使自己过得舒适和无忧无虑而不必自责，你便证明，是我夺走了你全部的生活能力并将其攫为己有。"

在另一个段落中，卡夫卡写到自己取消了婚约，是因为无法面对婚姻。他把自己和父亲进行了比较，认为自己一无是处，而父亲却拥有所有与婚姻有关的品质："而婚姻方面最重要的障碍莫过于已经变得根深蒂固的观念了，即我认为，我从你身上看到的一切品行，都是维护并赡养家庭所必不可少的。我这里是指所有品行的总和，包括好的和坏的品行，它们在你身上都有机地融为一体，那就是力量和对别人的轻蔑、健康和某种无节制、能言善辩可也有不足之处、自信而对每个人都不满、世俗的优越感而专横暴虐、老于世故而不信任大多数人。此外，你还有一些绝对的优点，比如勤勉、坚韧、沉着、无畏。相比之下，这些优点我几乎丝毫没有。"

卡夫卡始终有着孩子在与自己父母相比时所产生的无力感，并且这种无力感破坏了他的整个社会适应能力。

卡夫卡强调了人类的无力和不足，以及在寻找真正的救赎之路时将会面临的巨大困难。马克思·布罗德在《卡夫卡传》（*Franz Kafka: A Biography*）中说，绝对事物存在着，"但它无法与人的生活进行比较……人和上帝之间的这种永远的误解激起卡夫卡的兴趣，促使他一再用两个世界的图像去描写这种比例失调，这两个世界永远不能相互理解……自《圣经》中的《约伯》篇以来，从未有人像卡夫卡在《审判》和《城堡》（*The Castle*）、《在流放地》（*In the Penal Colony*）中这样激烈地与上帝争执过；《在流放地》通过一台用精心策划的残忍手段制造的、不人道的、几乎是恶鬼般的机器和这台机器的一个古怪崇拜者描绘了公正。上帝在《约伯》篇中以极其相似的方式做了这件让人类觉得荒谬和不公正的事。但是，人类也只是这么觉得而已，而在约伯和卡夫卡那里作为最后答案出现的，则是这一论断：人类使用的标准不是那个在绝对的世界上衡量事物时所用的标准"。我们将会看到，爱因斯坦的相对论观点也基于一个类似的前提。

卡夫卡还谈到了孩子的教育问题，他引用了英国作家斯威夫特（Swift）的观点："在教育孩子方面，父母是最不值得信任的。"接着他指出，父母的主观性和对孩子的情感投注会妨碍他们，让他们无法真正把孩子当作独立的个体来欣赏。"从教育的角度来说，即使是父母最伟大的爱也比拿薪水的教育工作者最贫乏的爱更加自私。绝对不存在另外一种可能……父母的教育方式有两种，这两种方式都是自私的——程度不一的暴政和奴役，不过他们可能会非常温柔地表达暴政（'你必须相信我，因为我是你的母亲'），或者充满骄傲地表达奴役（'你是我的儿子，因此我可以让你来拯救我'）。但是，这两种教育方式都是令人恐惧、违反教育理念的，长此以往，会让孩子越来越自卑……在孩子内部立刻进行公平的调整是绝对不可能的（只有公平的调整才是真正的调整，才会具有持久的效果），因为他生来就遭受着不平等的待遇，父母的权力在很多年内都远远凌驾于孩子之上。"这段话充分证实了分裂特质者总是感到软弱和自卑的原因。

在上一章，我提出创造性活动是分裂特质者表达自我的一种特别恰当的方式。只要稍稍感受一下他们的内心世界，就可以理解我为什么会这样认为。第一，由于大多数创造性活动都是独自进行的，选择这样一种职业，意味着他们可以避免与他人直接联系所带来的问题。写作、绘画或者作曲当然是一种沟通，但这种沟通完全是按照自己的方式进行的，整个局势都在他们的掌控之中。他们不会被人出卖，不会因为吐露自己的秘密而悔恨不已。他们可以非常准确地表达自己想要表达的任何东西，与随意和自发的交流相比，他们被误解的可能性更小。他们可以选择（或者他们认为自己可以选择）透露多少关于自己的信息，保留多少秘密。最重要的是，他们几乎不会承担让另一个人来摆布自己的风险。正如我们所看到的，分裂特质者的悲剧在于，他们对爱的恐惧几乎与对恨的恐惧一样强烈，因为卷入任何亲密关系都会带来被对方压倒或"吞噬"的风险。他们和我们所有人一样，觉得与其他人进行某种形式的互动是必要的，但是希望这种互动可以保持安全的距离。他们选择只通过书籍、绘画或者弦乐四重奏来展示自己，是为了在自我保护的同时，还可以享受自我展示的乐趣。费尔贝恩说得完全正确："对分裂者来说，暴露的倾向总是扮演着重要的角色。"这其实是一种补偿。其根源在于这样一个事实：他们实际上比一般人更加神秘莫测、难以接近。在这里，我想引用英国精神分析师温尼科特（Winnicott）在《沟通与非沟通导致的某些对立面的研究》（*Communicating and Non-communicating Leading to a Study of Certain Opposites*）这篇论文中所做的评论。"在所有类型的艺术家中，我认为可能会发现一个内在的两难困境，这个两难困境有两个共同存在的倾向——急切地需要沟通的倾向和更加迫切地需要不被发现的倾向。"

第二，创造性活动至少可以让分裂特质者保留部分全能幻想。通过艺术作品进行间接的沟通，可以让艺术家保持一种优越感。由于普通人无法效仿他，他就可以因为自己的"与众不同"和出类拔萃而获得满足感。并且，还有什么能比创造属于自己的世界更无所不能呢？例如，一位伟大的小说家所创造的人物和情境如果足够优秀，就会变得不朽。在我们大多数人完全被遗忘之后，狄更斯（Dickens）笔下的世界仍然可以长存。这样的成就吸引并满足了我们在婴儿期都有过的全能幻想，而在分裂特质者身上，这种幻想尤为持久。很多时候，这种无所不能的创造行为必定是对其对立面——卡夫卡式的在由巨人组成的世界里感到的无力感——的一种补偿。

第三，分裂特质者的创造性活动反映了自身的价值观。正如我们所看到的，他们的价值观有一个特点，就是内在现实比外部世界更重要。我们认为，他们更加重视内在现实，其实是因为他们在童年时体验到的外部现实和内部现实之间缺乏对应关系。如果想要纠正这种体验，最有效的方法莫过于在艺术作品中描绘自己的内心世界，然后说服别人接受它（这个世界即使不是真实的，至少也是极为重要的）。创造性人才能够从自己的成就中获得满足感，部分原因可能是他们感到自己内心之前从未被认可的部分终于被接受了。此外，因为艺术作品会留下个人的印记，不会默默无闻，所以人们会认为创造性工作特别适合个人风格的表达（当然，这与创造性人才的内心世界是密切相关的）。我们往往过于重视真实性，在某种意义上，这是合理的。即使在不考虑创作者是谁的情况下，我们也可以认为一幅画或者一首音乐非常优秀。不过，它是否出自某一位艺术家之手，是否代表着对他个性的另一种表达，也是很重要的。因为它或许可以增进我们对这位艺术家的了解，进一步揭示其神秘莫测、难以捉摸而又异常迷人的个性。

第四，某些类型的创造，对于克服卡夫卡所感受到的那种随意性和不可预测性是特别合适的。如果这个世界看上去很荒谬，人们就无法掌控它，也无法预测明天将会发生什么。伯特兰·罗素的童年很孤独，后来在处理人际关系方面遇到了相当大的困难，他在自传中写道："11岁时，我开始学习欧几里得几何学，哥哥做我的老师，这是我生活中的一件大事，就像初恋一样令人陶醉。我从来没有想象过世界上还有如此美妙的东西。"罗素提到在他小时候，"和我接触的成年人特别缺乏理解儿童情绪的能力"。几何学对他有着如此强烈的吸引力，或许是因为它代表了逻辑和秩序，而不是杂乱无序。成为自己的欧几里得，把自己的秩序感赋予这个不可捉摸的世界，这是多么美妙啊！我们将会在下一章看到，至少可以论证的是，科学家之所以能够取得某些伟大成就，就是因为他们发现，一个不可预测、随心所欲的世界是无法容忍的。

第五，创造性活动无疑可以作为一种防御，让分裂特质者免受无意义感的威胁。正如我们所见，费尔贝恩提出的分裂状态是一种以无意义感和空虚感为特点的基本心理状态，而许多神经症症状都是对这种状态的防御。对于大多数人来说，与他人的互动（客体关系）在很大程度上帮助他们找到了生命的意义。但是对于分裂特质者来说，情况并非如此。而在这里，创造性活动再次成为一种非常适合的替代品。因为无论是创造的能力还是创造的产物，通常都会被我们的社会认为是有价值的。就像我们并不会质疑人际关系的重要性一样，我们同样会认定创造性是有意义的。毫无疑问，许多艺术家和科学家对人际关系感到失望，但却在自己的创造性工作中找到了意义和价值，而普通人只能在人际关系中找到这种意义和价值。除此以外，在分裂特质者看来，创造性工作比那些总是反复无常、不值得信赖的人更为可靠，而在现实中有时也的确如此。

第六章

宇宙的新模型

给爱因斯坦这样备受敬仰的人贴上"分裂"的标签，必定会招致心理尚不成熟之人的攻击。然而，爱因斯坦是一个极好的例子，向我们说明了分裂特质者如何利用自己的超然进行创造。前面我们提到，分裂特质者总是冷淡地拒人于千里之外，在世人面前摆出一副令人生厌的模样。爱因斯坦却不是这样，他性情温和、智慧过人，给每一个曾与他谋面的人留下了深刻的印象。在某种意义上，他是一位圣人：他似乎纯粹而善良，有着高贵的灵魂。和他在科学推论领域唯一的同行牛顿不同，爱因斯坦并不偏执，而这种偏执往往是分裂样气质的一部分——除非把他对权威的极度排斥也视作一种偏执。在所有其他方面，他完全符合在上一章所描绘的情况；有人会说，他独特的创造性不仅与他的人格结构紧密相关，而且还发挥了我们在上一章结尾所列出的五个方面的作用。

他的儿子写道，爱因斯坦是"一个非常循规蹈矩的孩子。在那时，他腼腆、孤独、沉默寡言。老师们甚至认为他的发展是滞后的。他告诉我，老师们向他父亲报告说，他思维迟钝、不太合群，总是沉浸在自己愚蠢的梦想中"。的确，很早以前，爱因斯坦就给自己设定了一个任务，要成为一个完全独立的人，尽可能不受其他人的影响。在学校里，他并不反抗权威，只是对他们视而不见。他第一次表现出自己个性的方式是耐人寻味的。虽然他的父母是犹太人，但他们基本上对宗教漠不关心。而当爱因斯坦还是个学生的时候，却刻意强调自己的犹太血统，并且经历过宗教狂热时期，他后来将此描述为"把自己从纯粹个人生活的桎梏中解放出来的第一次尝试"。

对大多数普通人来说，与他人的联系是他们在这个世界上获得安全感的基础。如果这些联系突然中断，那就如同秘密警察抓住一个嫌犯后，故意将他与朋友和亲人完全隔离开来，一般来说，这位受害者会在几周内出现精神障碍，并且可能导致精神病发作。对他人某种程度的依赖（费尔贝恩称之为"成熟的依赖"）是"正常"人安全感和现实感的重要组成部分。然而，分裂特质者却把人际关系视为一种威胁。对他们来说，其他人要么深不可测，要么可能会把他们吞没。因此，他们离群索居，这反而让他们在被单独监禁时不那么容易受到负面影响。如果说与他人的联系并没有多大意义，那么剥夺这种联系也不会造成多大影响，因此分裂特质者比我们大多数人都能承受牢狱之苦，也更能抵制洗脑。我们无从知晓，是什么样的童年或情感经历，让爱因斯坦公开宣称要摆脱所有的个人关系，但这个目标却伴随他的一生。同样，在整个人生中，他都厌恶权威，憎恨一切妨碍个人自由的事物——甚至包括他自己的感官印象，他认为它是不可靠的。正如他所写："用思想来感知这个世界，抛开一切主观的东西，有意无意地成为我的最高目标。"爱因斯坦赞同精神分析的发现，即我们对外部世界的感知主要取决于我们的实际（感官）体验。在日常用语中，人们仍然把"有形的"（tangible）等同于"真实的"（real）。他在《爱因斯坦晚年文集》（*Out of My Later Years*）中写道：

> 在我看来，在建立一个"真实的外部世界"时，第一步是对各种不同的有形事物形成概念。基于我们众多的感官体验，我们在头脑中随意地抽取出某些反复出现的感官印象复合体（部分地与被认为标志着他人感官体验的感官印象相结合），并且赋予它们一个概念——有形事物的概念。从逻辑上考虑，这个概念并不等同于涉及的感官印象的总和。但它是人类（或动物）精神的一种自由创造。另外，这个概念的意义及其

合理性都完全归功于那个我们与之相联系的感官印象的总和。

第二步会在下面的事实中被发现：在我们的思维（它决定我们的期望）中，我们赋予有形事物这一概念一个重要意义，此意义在很大程度上独立于起初曾使它产生的感官印象。因此，我们为有形事物赋予了"真实的存在"这一属性。这样构建的理由完全建立在这个事实之上：通过这些概念以及它们之间的心理联系，我们能够使自己在感官印象的迷宫中找准方向。这些概念和关系，尽管是我们思维的自由表述，但在我们看来，却比单个感官体验本身更为坚实、更加不可改变；而我们永远不能完全保证，单个的感官体验具有某种不同于幻觉或错觉的结果的特征。

换句话说，爱因斯坦认为感官证据是不可信的——不过我们必须记住，婴儿是通过触觉获得最初的人际关系体验的。他认为，只有心灵内部概念之间的关系才是可信的，而自我与外部世界的关系，或者自我与他人的关系是不可信的。

这就是"思维的全能感"的极致体现。对潜在的精神病患者来说，这种看待世界的方式很容易变成一种妄想体系。偏执性精神病患者错误地认识他人对自己的态度，并在此基础上构建了这样的体系，他的逻辑总是不可撼动的，这给旁人留下了深刻的印象。如果接受他的前提，即有人想要密谋陷害他，那么其他的一切就显得完全合理了。问题在于他最初的想法是错误的，而不是这些想法之间的关系。

尽管爱因斯坦声称努力将自己的思想与不可靠的具体感官印象区分开，但他仍然与现实保持着足够的联系，这让他的思想在科学上是可行的。他的理论并不是一个与外部世界无关的纯粹的推理体系，尽管他显然在努力让它成为这样一个体系。爱因斯坦的定律被证明是建立在先前科学思想基础上的一大进步，因为它们所预测的结果与观察结果更吻合。换句话说，在触及外部世界时，他的理论发挥了作用。否则，它们可能会被视为与燃素理论一样属于"妄想"，被人们驳回。

燃素理论假设，当物质燃烧时，会释放出一种纯粹假想的物质"燃素"，这种物质后来被证明根本是子虚乌有。当然，正是因为这种极端抽象的能力，再加上与现实保持联系，才使得这类创造性的成就如此引人注目。我将在后面讨论，创造性人才的一个特点就是两个对立面的共存，而爱因斯坦就是一个鲜明的例子。

有形事物与普遍意义上的真实事物之间的关系值得进一步探讨。大多数分裂特质者的一个共同特征是与身体的相对分离。在外表方面，他的身体非常强壮，但显然他的自尊并非建立在此之上。虽然他结过两次婚，而且据说在中年尽情享受"生活的美好"，但在他的优先事项列表上，身体显然并没有占据很高的地位，因为或许在身体的体验中，我们的主观性最容易抬起它丑陋的头颅。正如法国小说家普鲁斯特在《追忆似水年华》（*Remembrance of Things Past*）中所言："事实上，拥有一具肉体对精神、能思维的人类生命是巨大的威胁……"在《相对论ABC》（*The ABC of Relativity*）第一章，伯特兰·罗素极有说服力地指出："是触摸给了我们'现实感'。有些东西是无法触碰到的，比如彩虹、镜子里的倒影等。这些不可触及的东西让孩子们感到困惑：分明可见的镜像是不真实的，这完全超出了他们的抽象推理。麦克白的匕首也是不真实的，因为它'可见而不可触'。不仅是我们的几何和物理，而且我们对外部事物的整个概念都是基于触觉的。"但爱因斯坦发现，"我们从触觉中学到的很多东西都是不科学的偏见，如果我们想要对世界有一个真实的认识，就必须摈弃这些偏见"。

我们都知道，分裂特质者与自己的身体是"脱节"的，而且他们往往也无法跟他人的身体建立联系。在他们身上可以看到一种现象，就是只有借助幻想才能发生关系。还有一种现象是，他们不容易感觉到身体的不适、饥饿甚至疼痛——这都是不谙世故的古怪学者的典型特征。精神分析以及对灵长类动物的实验研究所带来的证据表明，婴儿接触母亲身体的经验对其未来的社会适应和性适应——实际上是对现实的适应——非常重要。从理论上说，由于早期缺乏母爱或者教养不当，分裂特质者会和别人"失去接触"，并且将与另一个人的亲密关系（密切"接触")视为一种潜在的危险——正如我们在上一章所看到的。也许，只有那些从早年就被迫创造出触觉的替代品以适应并建立婴儿时代的世界图景的人，才能做到超然物外，从爱因斯坦心目中那种观察者的角度建构对宇宙的看法——在这个角度不能运用触觉，甚至在想象中也不能。

12岁时，爱因斯坦终于摆脱了传统的宗教信仰，尽管他仍然坚定地相信某些没有明确定义的、完全超个人的"宇宙宗教"。用他的那句名言来说，上帝"不掷骰子"，他并非心系众生的神，而是秩序的化身。爱因斯坦坚信，除了单纯的个人现实之外，存在着更为宏大的现实，这种现实是和谐的，并且受到某些规律的支配——无论如何，至少部分规律是可以被发现的。对他来说，"上帝"不应该是一个人，这是此类性格的典型特征。爱因斯坦还有一个值得注意的特点，就是和伯特兰·罗素一样，他也在12岁的时候发现，欧几里得几何学让他欣喜若狂。"人们在纯粹思维中竟能达到如此可靠而又纯粹的程度，就像希腊人在几何学中第一次向我们证实的那样。"尽管爱因斯坦是一个圣人般的人物，慷慨善良，有着强烈的社会良知，但他并不会跟某个人过从甚密。他的热情在于事业，而不是人；事实上，他对那些请求他给予慈善援助的人似乎是一视同仁的。

和伯特兰·罗素一样，爱因斯坦对人类的爱似乎在很大程度上取代了对个人的爱。或许，这就是他的第一次婚姻失败的原因。正如他敏锐的传记作者安东尼娅·瓦伦坦（Antonia Vallentin）所观察到的那样："他的社会道德观似乎是与它的对象分离的。"她接着写道："他从不需要人际交往，他已经审慎地使自己逐步摆脱一切感情的束缚，从而使自己成为一个完全超脱的人。与别人亲密无间，无条件地交换思想感情，两个人几乎都成为另一个自我，这是他不曾有过的经历，他对此有所恐惧，因为这威胁着他绝对的内心自由，而那是他必不可少的东西。"

对爱因斯坦来说，进行创造的部分动机是希望逃离平凡的生活，找到一种和谐与平静，而这是日常生活无法给他的。"人们都把世界体系及其构成作为感情生活的支点，以便由此找到他们在个人经验的狭小范围内所不能找到的宁静和安宁。"瓦伦坦还描述了在日常的社交中，他会"突然沉默，不再听你说话，也可能不说一声就走或坐在那里一动不动。总之，他陷入了个人沉思，对一切都置若罔闻……人们永远摆脱不掉这样一种印象：他置身于我们中间，但仅仅是临时性的属于这里"。

关于爱因斯坦所取得的成就，最值得注意的是，他的发现几乎完全是靠思维完成的，起初并没有经过大量的实验，甚至没有经过大量的数学演算。1905年发表的关于狭义相对论的论文，没有任何参考文献，很少用到数学推演，也并未引用权威。事实上，与当时其他的顶尖物理学家相比，他在数学方面的实际知识还是很粗略的。英国科学家和小说家C.P.斯诺（C.P. Snow）在《人物列传》（*Variety of Men*）中写道："单单凭借自己的思想，没有任何外界的帮助，他就开始了自己的工作，并且取得了比大多数数学物理学家更多的成就——这就是爱因斯坦。没有人会在一开始就对数学方法抱有怀疑。年仅23岁的时候，他就已经是那个后来世人希望理解却未能理解的人了。他有着绝对的自信，也完全相信自己的洞察力。他决心将自己的个性永远地融入自然世界的奇迹中。"这并不是说，他对传统意义上的成功完全漠不关心。他一点也不回避公众的关注；事实上，他在早年就获得了全世界的认可，尽管当时极少有人能够理解他的新观念。

众所周知，爱因斯坦颠覆了传统的时空概念。在他提出狭义相对论之前，人们普遍认为时间是绝对的；也就是说，两个事件要么同时发生，要么一前一后。相对论表明，事实并非如此，同一个事件在一位观察者看来先于另一个事件，在另一位观察者看来却与它同时发生，而在第三位观察者看来又发生在它之后。之所以称为"相对论"，是因为它说明，许多事物只是从某位特定观察者的角度看起来是那样的，并不是绝对的。对于科学家来说，这显然是不能容忍的，因为科学希望绝对如实地对现象进行描述和理解，丝毫不受任何观察者偏见的影响。正如伯特兰·罗素所指出的那样，相对论被这样命名是不幸的。因为，它并不像不理解这一理论的人们所假设的那样，想要证明物理世界的一切事物都是相对的，而是"要排除相对的因素,从而在不依赖观察者所处环境的条件下对物理规律进行描述"。爱因斯坦证明,观察者所处的环境会给其观察到的事物带来影响,这种影响超出了我们之前的假设。"但同时,他也告诉我们,如何彻底消除这种影响……这就是他理论中所有令人惊讶之处的来源。"

爱因斯坦的确提出了一个新的宇宙模型,并且为了创造这个模型,他不得不在某种程度上摆脱传统的观点,而只有在早年就把"抛开一切主观的东西"作为最高目标的人才能做到这一点,也只有以分裂样精神病理为主的人才能达到这样超然的状态。从科学的角度来说,爱因斯坦让自己不过多地受到他人的影响,或者不与他人产生太多的情感联系是正确的。要想象在一个以接近光速旅行的观察者眼中(因为相对论适合此类观察者,而牛顿的理论仅适合地球人类的速度)宇宙会是什么样子是一项富有想象力的壮举,只有完全不受传统教学影响的人才能做到。事实上,他反对传统的教学,并且不能容忍权威,用 C.P. 斯诺的话来说,他是一个"立场坚定"的人。爱因斯坦能够建立这样的世界观,是因为他能够摆脱作为地球居民不可避免的主观偏见,并且具有足够的想象力把自己放在一个以极快速度独自进行太空旅行的观察者的位置。他既非常自信,又极度不自信;他确信自己能够找到答案,并且自己的理论是正确的,同时又对他人的影响顾虑重重,以至于不得不与他人保持距离。爱因斯坦是一个完美的例子,证明了英国历史学家爱德华·吉本(Edward Gibbon)的这句话所言不虚:"交流能让理解更为全面深入,而孤独却是培养天才的学校。"

爱因斯坦性格的另一个特点值得一提,就是他对音乐的热爱。直到晚年,他都是一位充满热情的小提琴演奏者。在爱因斯坦去世前几年,钢琴家曼夫里德·克莱恩斯(Manfred Clynes)拜访过爱因斯坦,按照他的描述,爱因斯坦最喜欢的作曲家是莫扎特。爱因斯坦还告诉克莱恩斯,对他来说,即兴弹奏钢琴和钻研物理学一样,都是很重要的。"这是让我从人群中独立出来的一种方式,"爱因斯坦说,"这在我们所生活的社会中是非常必要的。"音乐是所有艺术形式中最为抽象的，与人类体验的联系也是最不明显最不直接的。分裂特质者往往对音乐情有独钟，他们欣喜地发现，通过这样的方式，他们不需要与人接近就可以体验和表达自己的情感。因此我们可以看到，爱因斯坦是一个很好的典型，他的创造性符合第五章末尾所假设的全部功能。通过他的工作，他能够在不与他人密切接触的情况下进行交流和表达。他公开宣称，自己的目标是仅仅通过思想来征服世界，这是一种"无所不能"的幻想。事实证明，这种幻想是他进一步理解宇宙结构的非常有效的工具。可以证实的是，他始终认为自己内心的创造性思维是非常重要的。作为一位优秀的科学家，他当然会坚持应该通过实验来验证自己的想法，但毫无疑问，首先产生的是想法，随后才有实验。正如他自己所写的那样："理论可以通过实验来证明，但是从实验中却找不到一条导致一个理论诞生的途径。"从某种意义上说，他的内心世界最初是不可预测或混乱的——他决心用抽象思维代替自己的感官证据，并且在发现有序的几何世界时无比欣喜，都可以证明这一点。我们无从得知，他是否觉得这个世界毫无意义或者虚无缥缈，但他确实在 16 岁时经历过一场精神上的巨变。当时，校医给他开具了一份材料，证明他患有神经衰弱，必须休学 6 个月。他之所以有强烈的创造欲望，部分原因可能在于他缺乏与他人的密切接触，并受到随之而来的空虚感的威胁。1936 年，他在《爱因斯坦晚年文集》中写道："我孤寂地生活着，年轻时痛苦万分，而在成熟之年却甘之如饴。"这句话既表明了他早年的痛苦和孤独，也说明他能够创造性地适应这种孤独。

爱因斯坦就是这样一个人：他超然于人群之外，有一种宽容而平和的普世仁爱。他可能很容易得罪别人。根据传闻，对于别人给他引荐的人，他与其交谈了很长时间之后，后来还是完全认不出他们来。但他主要的性格轮廓是接近圣人的，他可以跟孩子们一起玩耍，并且和蔼可亲，只要人们满足他的一个基本要求——在他想要独处的时候不要打扰他。

我们的下一个例子，虽然在某些方面与爱因斯坦非常不同，但同样可以有力地说明本章的主要观点。在同一科学领域，牛顿是唯一可以与爱因斯坦比肩的天才。和爱因斯坦一样，他也具有许多分裂型的人格特征。然而除此以外，他对其他人的怀疑和敌意要大得多，我们有理由认为，这或许与他在童年时代产生的基本不信任感有关。

牛顿于1642年圣诞节那天出生，是个早产儿。在他出生前3个月，他的父亲就去世了。在人生的最初阶段，这个瘦小的婴儿得到了母亲全心全意的照料。但是好景不长，在他刚满3岁的时候，母亲再婚了，并搬到了另一所房子，改由他的外祖母来照顾他。尽管母亲的新家离他很近，他能够经常见到她，但是我们从他的自述中了解到，他感觉自己受到了背叛，并因此充满怨恨。在他20岁时写下的一份忏悔清单中，他责备自己希望烧毁母亲和继父的房子的想法。在牛顿11岁时，他的继父去世了，他的母亲带着两个继姐妹和一个继兄弟回到了他身边。牛顿始终忠于他的母亲，在她最后一次生病时亲自照顾她。实际上，很可能是因为与母亲的关系，他终身未婚。有一些证据表明，他有同性恋倾向；但是，据他晚年颇为信任的人所说，直到去世前，他仍然保持着处男之身。尽管母亲"背叛"了他，但是他与母亲仍然保持着联系——按照我们对童年幻想的理解，这并不奇怪。这类幻想具有一个鲜明的特征，就是对"好"与"坏"进行了严格的区分，以至于母亲或其替代者时而以理想化的女神形象出现，时而又以邪恶的女巫形象出现。在正常的发展过程中，这两种极端的形象会融合在一起，这样孩子就会意识到，同一个人有时候是慈爱的，有时候也会忽视或者惩罚他，这才是真实的人性。但是，这种融合依赖于关系的持续性，在一次又一次互动中，孩子发现尽管有些不愉快的插曲，但是母亲的爱仍然会在那里。当母亲和孩子之间的关系像牛顿遇到的那样被严重打断时，那些古老的、原始的形象会继续存在，因此，他人被理想化为"全好"或者"全坏"的形象——要么对他全心全意，要么想要伤害他。牛顿在婴儿时期对母亲的理想化形象仍然存在，而被她遗弃的记忆也并未消失，所以他变得神秘而敏感，害怕他的发现会被别人窃取。

和爱因斯坦一样，牛顿的宗教信仰是非正统的。在信仰三位一体的时代，牛顿仍然是一位隐秘的一元论者。一生中，他都沉迷于宗教思考，并且像许多先知一样，他相信自己与给予他启示的上帝之间有着直接的个人联系。这种信念在具有宗教倾向的分裂特质者中间并不少见，他们喜欢用自己与上帝的关系来代替让他们觉得非常困难的人际交往。牛顿留下了大量神学手稿，包括数百万字的年表、教会历史、教义和预言。正如他的传记作者弗兰克·马内尔（Frank Maneul）所描述的那样："将世间万物都强行纳入一个严格的框架，连最为微小的细节都不放过，这反映了这位焦虑不安者的潜在需求。"或许我们也可以假设，他之所以决定不进入教会，是因为受到了非正统宗教信仰的影响，并且渴望彻底的独立——尽管想要保持在剑桥大学圣三一学院的教职，这是一项常规的要求。在牛顿的请求下，查尔斯二世通过信函特许"卢卡斯教授"①无须接受圣职。和爱因斯坦一样，牛顿并不信任自己的感官，并且对肉身的种种漠不关心。他在一个笔记本上写道："通过事物之间的运作来推导出它们的本质，要比依赖我们的感官更加稳妥和自然。"众所周知，他非常疏于照顾自己，经常废寝忘食，有时还会忘记添加衣物，并且从不锻炼。小时候，他很少跟伙伴们玩耍，更喜欢通过制造机械模型来发挥自己的创造力。长大后，他仍然独来独往。在居住在剑桥的31年里，他过着隐居的生活，是一位典型的健忘而又孤僻的学者。他极不愿意跟其他人打交道，其程度比爱因斯坦严重得多。牛顿特别害怕他人会对自己的工作产生影响，以至于有时无法给予前辈们应有的认可，仿佛他觉得自己得到的启示必须是属于个人的原创，未曾受到污染。布罗德斯基（Brodetsky）在《艾萨克·牛顿爵士》（*Sir Isaac Newton*）中写道："他总是有点不愿意面对公众的关注和批评，并且不止一次地拒绝将自己的名字与报道其著作出版的文章联系在一起。他并不期望获得公

---

① 牛顿于1669年接任该教席。卢卡斯数学教授席位（Lucasian Chair of Mathematics）是英国剑桥大学的一个荣誉职位，授予对象为数学及物理相关的研究者，同一时间只授予一人，牛顿、霍金、狄拉克都曾担任此教席。——译者注

众的尊重，并且害怕公开露面会让自己受到人际关系的打扰——而他希望可以摆脱这种纠葛……显然，牛顿几乎没有发表过一项发现，除非有人敦促他这样做。即使他已经解决了天文学所面临的最大问题，也从未向任何人提及。"

小时候的牛顿和爱因斯坦一样，在老师们眼中平淡无奇。这个爱幻想的男孩长大后，有着严苛的良知，即惩罚性的超我——它不允许他休息，迫使他事无巨细地记录下自己的"罪行"。在讨论抑郁气质对创造性人才的影响时，我们将会看到，这种良知可能会驱使一个人进行创造，以此作为自我辩护的一种手段。年轻时的牛顿焦虑不安，有疑病症，并且自视甚低。事实上，他的抑郁特质比偏执倾向更为明显。直到中年，他才停止了自我诋毁，会因为别人对他犯下的错误而指责他们，而之前他会把这些错误归罪于自己。

牛顿与其他科学家的争论是众所周知的，在这里我们不需要多费笔墨。关于他与科学家胡克（Hooke）、天文学家弗拉姆斯蒂德（Flamsteed）、数学家莱布尼茨（Leibniz）之间的争端，都有大量的文献记录。但在他的一生中，有一段时间，他对别人的怀疑和敌意超出了理智的界限。这段时间里牛顿患病的细节虽然仍不为人所知，但在 1693 年，牛顿的精神受到了极大的困扰，因而很多人都相信了他已经精神错乱的传言。同年 9 月，他写信给英国作家和政治家佩皮斯（Pepys）、英国思想家和哲学家洛克（Locke）及其他朋友，指责他们。可能有几个因素导致了牛顿的这次"偏执发作"——我们现在应该给它贴上这样的标签。牛顿对自己的忽视而导致的失眠和健康问题，当然是其中一个原因。此外，或许还有他对炼金术实验的失望，以及他未能获得有望被任命的各种显赫职位。马内尔教授认为，牛顿迷恋上了一个名叫法蒂奥·德·杜利尔（Fatio de Duillier）的年轻人，或许是因为部分承认了自己的同性恋倾向，他内心的稳定暂时被打破。尽管如此，从牛顿自己的信件来看，这场危机在 1693 年底基本上就结束了。1696 年，他被任命为铸币局局长，后来又被任命为造币厂厂长。1703 年，他担任英国皇家学会主席。他成为一位极有影响力的公众人物，并且被封为爵士。作为铸币局局长，他的任务之一就是消灭伪币，而且他似乎带着一种偏执狂掌权之后所特有的狂热，对伪造货币者进行了追捕和起诉。

和爱因斯坦一样，牛顿的发现源于对权威的极端怀疑，以及想要建立一套理解宇宙的新理论的强烈欲望。对宇宙传统观念的颠覆，一部分是由开普勒（Kepler）完成的，另一部分是由伽利略（Galileo）完成的。但是，他们的观点似乎是互相排斥的。正是因为牛顿意识到了这一点，并且能够抛弃两者的一部分理论，才建立了一套新的理论。在这套理论中，运动定律既适用于地面的物体，也适用于天空中的物体。我们必须假设，牛顿和爱因斯坦都遭受过卡夫卡所描述的那种焦虑，因此，他们迫切地需要创造一个包罗万象、放之四海而皆准的解释框架，以缓解生活在一个随心所欲或自相矛盾的世界中所体验到的不适感。无法容忍偏差，意识到某些事物并不合理也是创造的一个动机，我们将在关于强迫型人格特征的一章中进一步讨论。在考虑牛顿和爱因斯坦的成就时，我们无法仅仅用对秩序的渴望来解释他们背后的动机，尽管这一点很重要。他们的理论都依赖一种抽象的能力，只有在那些思维和感觉几乎完全分离、与人类情感非常疏远的人身上，才能找到这种能力。他们如此努力地追求新的理论，既是为了理解这个宇宙，也是在尝试治愈自我的分裂。

精神科医生卡尔·史登（Karl Stern）在他的开创性著作《逃离女性》（*The Flight from Woman*）中，考察了某些哲学家所特有的对女性、本能和身体的疏离。例如，笛卡尔和牛顿、爱因斯坦一样，都不相信"感官的证据"。实际上，他认为身体可能是虚幻的，感觉具有欺骗性。这就是笛卡尔的哲学产生的根源——笛卡尔的哲学建立的基础是怀疑一切可怀疑的。他的名言"我思故我在"代表了其哲学的首要原则——这是他无法怀疑的一点，因此也就成为其思想的立足点。重要的是，这个首要原则是一种纯粹的心理现象，也是高度主观的。就像罗素在《西方哲学史》（*History of Western Philosophy*）中所指出的："'我思故我在'意味着精神比物质更为确定，而（对我而言）我的精神又比旁人的精神更为确定。"笛卡尔的二元论，即认为精神和物质是完全分离的，这是笛卡尔的哲学最为显著的特点。笛卡尔二元论的产生似乎源于他童年早期的情感剥夺，因为笛卡尔的母亲在他刚满1岁时就去世了。笛卡尔似乎总是焦躁不安，这是母爱被剥夺的人的典型表现。在旅居荷兰的20年里，他至少搬了23次家。尽管笛卡尔与一位女仆有过一段恋情，还有一个私生女，但他并没有结婚。他与女性的关系多是精神上的、柏拉图式的。然而，正是笛卡尔认识的一位才女导致了这位可怜之人的去世。瑞典女王克里斯蒂娜把他带到自己的宫廷，让这位哲学家每天早上5点起床给她上课。一向弱不禁风的笛卡尔因此患了感冒，并且很快病入膏肓，最终于1650年2月离开人世。

正如卡尔·史登所指出的，还有许多其他类似的例子。叔本华的母亲自命不凡又冷酷无情，因此在他的哲学著作中，叔本华清晰地表达了自己对女性的憎恨和对肉体的厌恶，以及对一个只有抽象和反思、未被人性污染的世界的渴望。萨特则是与世界格格不入的典型代表，他认为人性是令人恶心的，而爱是无望的。我们不难找到许多这样的例子。毫无疑问，精神病学家所说的"分裂样精神病理"在许多哲学思想，特别是在依赖非凡抽象能力的世界观中发挥了重要作用。在此使用"精神病理"一词是否恰当，回头我们将进行讨论。我们将提出，许多被精神分析学家贴上"病态"标签的现象，或许其实是人类生来就有的，并且也是我们人类适应的必要部分。

第七章

创造性与躁狂 – 抑郁气质

在上一章,我阐明了某些类型的创造性活动与分裂型人格特质密切相关。在本章,我将对创造性活动与躁狂 – 抑郁气质之间的关系进行讨论。

正如我们看到的,分裂特质者之所以尽力回避他人,是因为害怕他人会对他产生毁灭性的影响。只有孑然一身,他才能保全自己和其全能幻想。这可能会让他建立一种新的世界秩序,就像牛顿或爱因斯坦那样——这个世界是由他自己创造的,如果可能的话,任何干扰或外来因素都不允许进入。对他们而言,这个世界本质上是唯我论的,是个人的想法,或者是直接从上帝那里获得的启示。甚至,它并不一定需要交流。重要的是模式的发现。正如我们在牛顿的例子中看到的,首先,获得发现很重要,但将这个发现传播出去并不重要。因此,自尊并不主要依赖他人的看法,而是依赖内在自洽体系的建立,而在这个体系中,其建立者扮演着上帝的角色。如果建立者完全脱离现实,那么他所建立的体系可能会被视为妄想。反过来,如果像牛顿和爱因斯坦那样,其设想与现实是符合的,是可以进行验证的,那么,这个新体系可能会大大增进我们对事物的理解。

躁狂 – 抑郁气质者与我们之前所探讨的分裂特质者有很大的差别。他主要关心的也是自我保护,以避免丧失自尊的危险,但与分裂特质者不同的是,他的自尊更加直接地依赖与他人的"良好"关系。和分裂特质者一样,他在某种程度上害怕他人,但是,与其说他害怕被攻击或被吞没,不如说他害怕失去他人的爱和认可。如果一个人害怕失去他人的爱，那么他一定有过被爱的体验。而分裂特质者对于爱的支持作用几乎没有概念，因为他似乎从未完全相信过爱。他的自尊主要建立在权力之上，而不是建立在别人的认可之上。但是，躁郁症患者在情感发展方面要比分裂特质者更进一步。他体验过爱，因此能够放弃唯我论的世界和自己的全能幻想，但这种放弃的代价是依赖。如果自尊依赖于从他人那里获得爱，那么，他就必须与爱的给予者保持良好的关系。这就意味着，对于孩子来说，他必须学会顺从父母的意愿，满足他们的要求，做一个"好孩子"，否则他就会发现他们不再对他"好"了。很有可能，当婴儿开始意识到，他的母亲是一个可辨认的、完整的人，而不仅仅是一个满足或者拒绝他欲望的工具时，情感发展的早期阶段就开始了。如果我们生活在卡夫卡式的随心所欲、不可预测的世界里，就不可能知道如何取悦那些高高在上的权威，因为他们对一个人是好还是坏，跟这个人的所作所为毫无关系。但是，一种更加个人化的关系建立之后，随意性就在很大程度上消失了。他会认为爱的源泉是一个人，可以通过自身的行为来影响这个人，让他/她决定是否给予爱。用克莱因的术语来说，从偏执-分裂心位到抑郁心位的转变，或许最能体现在这种与外部世界他人的关系的变化中。我们可以假设，"正常人"从那些关心他的人那里得到了足够的关爱，从而建立了内在的自尊，即好客体的内摄（introjection）。或者可以说，正常人从小就得到了足够的关爱，因而具备了这样的条件，能够预期别人会给予他们认可，并且在今后的人生中也能够保持信心。而停留在抑郁心位的人缺乏这种内在的信心，他们仍然很容易受到外界意见的影响，就像婴儿无法接受乳房的消失一样。事实上，对这样的人来说，别人的好评对他们的幸福至关重要，就像牛奶对婴儿的意义一样。拒绝和否定是生死攸关的问题，因为除非外界能给予他们肯定，否则他们就会退回抑郁状态。在这种状态下，他们的自尊严重下降，也无法控制自己的愤怒，甚至可能会选择自杀。

　　自从弗洛伊德对抑郁进行研究以来，人们普遍认为，抑郁症患者很难处理他们的攻击冲动。他们不能对那些让他们感到沮丧或者剥夺他们权利的人表达攻击性，而是在自责中把这种攻击性转向自己，因为自己遭受的敌意而自我惩罚。并且，他们倾向于杀死自己，而不是杀死那些他们认为不爱自己的人。

这种受虐的行为方式常常反映在他们对别人的顺从上——这是用于安抚和讨好他人的"好孩子"行为在成年后的延续。潜在的抑郁症患者很早就学会认同他人，以免冒犯那些他所依赖的人。在这样做的同时，他压抑了自己的个性——这是过度适应他人的要求所必然付出的代价。与这种压抑的适应方式相反的是躁狂行为，即无视他人的愿望和需求，推翻良知，用无情的自私自利取代讨好。这两种相反的行为方式可以在同一个人身上交替出现——如果读过本书前几章关于全能感和无助感的论述，读者就不会对此感到惊讶。

创造性活动是如何缓解抑郁者的情绪问题的呢？首先，由于艺术家经常受到高度重视，因此很明显，他们不断创作出成功的作品，这个过程会带来自尊的反复注入。如果感觉身边的人都不爱自己，抑郁者可能会通过获得公众的赞誉来赢得更广泛的认可，而从事创造性工作就是实现这个目标的一种方式（当然，还有其他方式。然而，许多非常成功的人，无论是领袖、百万富翁、电视名人，还是舞台表演者，都是因为罹患抑郁而功成名就的）。正常人通过从家人和朋友那里得到的爱，认识到自己是有价值的；而抑郁者却无法获得这样的爱，只好去别处寻找。

成功给抑郁者带来的自尊注入并不会持久。成功确实会让他们获得自尊和安定感，甚至让他们感到心情愉悦，但这种改善通常是短暂的。最终，再多的外在成功都无法弥补童年早期所缺失的东西，那就是与理性无关的自我价值感，而得到爱和关注的孩子会自动地接受这种价值感，认为这是他与生俱来的权利。

相比之下，米开朗基罗（Michelangelo）比他之前的任何一位艺术家都获得了更多的赞誉以及更高的地位。然而，这位举世公认的天才，他虽然可以对教皇傲慢无礼，但正如他的《十四行诗》所体现的那样，他永远是沮丧和自我贬低的。

拉斐尔（Raphael）在《雅典学院》（*School of Athens*）中描绘了米开朗基罗，在画中，米开朗基罗以传统的忧郁姿态陷入了孤独的沉思，这样的描绘无疑是正确的。

在一首十四行诗中，米开朗基罗写道：
他从无到有，创造了万物，
时间应该分成两个部分：
他把其中一部分交给了光辉的太阳，
另一部分留给了月亮。
从此运与命得以诞生，
每个人都拥有自己的不幸或幸福。
我深知，黑暗的时光是属于我的，
因为自我出生起，它就一直伴随着我。
如同万物伪装自己的本性，
我也造就了我的命运，
如此黑暗，充满了痛苦和悲伤。
哦，那么找到你这样一个向阳而生的人，
并且分享你生命的一部分，
是多么美好的慰藉啊。

在他的巨型壁画《最后的审判》（*The Last Judgement*）中，米开朗基罗把自己的肖像画在了一位殉道者被剥下的皮囊上，这当然是意味深长的。的确，空虚是抑郁者特有的抱怨。无论从外部贯注多少，都不足以填补痛苦的空虚。

抑郁气质的伟大艺术家们可能会像米开朗基罗一样，在苦苦耕耘多年之后才创造出自己的杰作。如果天赋不够或者经济比较困难，他们可能无法忍受在获得自己所需要的自尊之前所必经的漫长阶段。例如，有些作家急于在短时间内连续地创作出很多短篇作品，以至于他们从来没有充分发挥自己的才华——新闻工作者就是典型的例子。对于某些人来说，看到自己的文字每周甚至每天都出现在报纸上，他们会感到非常安心。但是，这种迅速得到认可的方式也有弊端，那就是它可能会妨碍他们创作更为严肃的长篇作品。许多新闻工作者无法度过撰写小说时没有报酬的漫长时期。他们"现在就想得到"，并且既然他们已经找到了获得收入的快捷方法，就无法再放弃这种即刻给予满足的方式。

除了通过创作赢得认可的作品来获得自尊之外，抑郁气质者还能在自己的作品中表现出攻击性情绪，而在与他人真实的日常接触中，这种情绪很难被表达。当然，向父母讨回公道是小说家们最喜欢的一种消遣方式。或许，最典型的例子是英国作家塞缪尔·巴特勒（Samuel Butler）创作的自传体小说《众生之路》（*The Way of All Flesh*）。但是，创造性作品为表达攻击性提供了一种更为微妙的载体，而不仅仅是作为一种发泄敌意的手段。任何被公开发表的作品，都是一种自我主张的表达。大多数人并不指望自己对美的意见、品位或观念能被自己圈子以外的人所了解。在自己的圈子里，抑郁气质者比较低调，不轻易表达自己的主张，因为他需要讨好他人，并且与他们产生认同。如果一个人为了取悦别人而习惯性地说"是"，他就有无法成为一个独立个体的危险。保持个性需要一定程度的自我主张。而从事艺术提供了一个机会，让他可以表达自己的想法，而不必急于迎合别人的意见。事实上，与"真实"生活中的行为或对话相比，艺术作品可能是一种更有效的自我表达方式。

在这种情况下，作品而不是人，成了自尊的焦点。许多抑郁气质者在其童年和青少年时期放弃了被爱的希望，特别是自从他们习惯性地隐藏自己的真实本性之后。但是，当他们开始创作的时候，心中的希望又会重新燃起。因此，他们对自己的作品变得极为敏感，比他们在日常社会生活中对待自己所捍卫的人格时更为敏感。对于那些在社会关系中足够自信、能够保持自我的人来说，在意自己著作或者绘画的程度甚于在意自己，这在他人看来，会显得很奇怪。但是，如果一本著作或者一幅绘画包含创作者真实自我的部分，比他在日常生活中所表现出来的更多，那么他的态度极为敏感也就不足为奇了。英国作家弗吉尼亚·伍尔芙（Virginia Woolf）就是一个很好的例子，创作每一本新书时她都感到无比痛苦，并且对评论家们的看法极为敏感，尽管他们大多数人都比她见识浅薄。她的抑郁反复发作，最终结束了自己的生命。

作品对自我的这种替代可以达到无以复加的程度。在特殊情况下，当艺术家完全认同自己的某件作品时，这可能会让他永远都无法完成它。正如我们在讨论创作的阻碍时看到的，一部作品可能会涉及过多的因素。也就是说，创作者可能会把它看作是一个生死攸关的问题，以至于不敢完成它。如果一个人的全部自尊都与某一部作品的创作紧密地联系在一起，那么将这部作品公之于众就太危险了，因此创作者会用一个又一个借口来推诿。更常见的情况是，创作根本无法继续进行，尽管造成阻碍的原因通常都是无意识层面的。人们备受折磨，强迫自己从事一项毫无快乐、只有痛苦的工作，这往往令他们极为苦闷。

正如我已经指出的那样，抑郁气质者在内心特别怨恨父母，他们可能会认为，父母剥夺了自己在婴儿时期所需要的爱——这种剥夺可能是事实，也可能是他们的幻想。但是，这种敌意却被深深地压抑了，随之而来的是，正常的"攻击性"也被压抑了，而这种"攻击性"正是他们维持独立个体的身份并且有能力对抗他人所必需的。不幸的是，由于敌意非常强烈，所以他们不得不对任何可能出现的敌意进行防御，让自己免受其影响，但与此同时，他们也不得不剥夺自己获得正常自我满足的权利。这种防御通常是过度的，从前文所提到的受虐和顺从的适应中可以清楚地看到这一点。躁狂–抑郁气质者在人际关系中从来都无法做到"处理得当"，因为他们要么傲慢专横，要么顺从讨好。

在某些情况下，这种对攻击性的压抑可能会在艺术家进行创作的过程中被解除，因此艺术家得以表达反叛和敌意，而不会让自己处于与他人实际对抗的不利地位。通过这种方式，抑郁气质者就可以摆脱他们所处的困境——他们因为担心自己的敌意所带来的破坏力会毁灭对方而无法轻易地反抗别人。有些抑郁气质者会在对他人表现出更多的攻击性还是同情心之间摇摆不定。例如，温斯顿·丘吉尔（Winston Churchill）对敌人冷酷无情，经常被贴上"战争贩子"的标签。然而当敌人被击败时，他会在私人和公开场合都表现得格外宽宏大量。他的善解人意和慷慨大方，补偿了别人对过于强烈的破坏性的恐惧。

对过去的反叛，以及对父母和他们所代表的一切的反叛，是创造性帮助艺术家表达攻击冲动的另一种方式。具有革命精神的天才并非天才的唯一类型，但无疑占有重要的一席之地。美国艺术史学家伯纳德·贝伦森（Bernard Berenson）将天才定义为"创造性地反对自己所接受的训练的能力"——这句话或许并不适用于所有具有创造性的天才，但无疑适合一部分人。一位伟大的革新者（比如贝多芬），在创作属于自己的个人作品前，必须与过去决裂；从本质上讲，这是一个带有"攻击性"的举动，是对过去做法的批判，表明这些做法即使并非不恰当或者错误，至少也存在着不足。美籍俄裔作曲家斯特拉文斯基（Stravinsky）对他所鄙视的早期作曲家的评论可谓既尖锐又有趣，但有时候，这些评论对他所抨击的作曲家来说有失公正。如果要开拓通往新观念的道路，可能必须矫枉过正；但是，熟悉创造性艺术家对于其前辈或平辈所做的评论的人，都不会认为这些评论是一种公正的判断。当然，创作风格的革命同样也遭受了许多"攻击"。当印象派画家的作品首次展出时，许多评论家都感到愤怒和震惊，因为在他们看来，这些画家抛弃了一切需要遵循的绘画原则和手法。

消灭旧事物和创造新事物，哪一个在先？显然，在旁观者看来，必定是先抛弃过去，然后再创新。但是，在艺术家的内心，这个顺序可能是颠倒的。许多人可能会想，一个还没有抛弃过去或者与过去决裂的人，怎么可能产生新的想法？而对于以抑郁精神病理为主的人来说，破坏很有可能发生在发展新方法之前，而不是紧随其后。

克莱因有关婴儿内心世界重建的观点遭受了许多反对，因为她的理论无法被证实。但事实证明，她的观点在帮助我们理解抑郁症和偏执狂的心理具有宝贵的指导价值。克莱因认为，当婴儿发现自己可能会因为对依赖对象的破坏性感受而失去或摧毁她时，他会感到极度焦虑。因此，这为内疚的发展奠定了基础。一旦确立了内疚的能力，也就产生了进行补偿的可能性。有一个观点是相当有道理的：部分创造冲动可能是出于对已被破坏的东西进行补偿的想法。正如英国画家阿德里安·斯托克斯（Adrian Stokes）所说："我相信，在艺术创作中存在着一种基本元素，即将攻击性付诸实践……随后进行补偿。"分裂特质者试图从随意和不可预测的宇宙中找到意义，而抑郁气质者则试图对他觉得已经被自己摧毁的世界进行重建。

是什么让一个人特别叛逆，以至于他觉得自己严重伤害或者摧毁了那个他所反抗的人？抑郁气质者似乎是贪得无厌的，好像永远都感觉自己获得的太少。所有的母亲都会爱孩子，但也有让孩子失望的时候，也会有激起孩子愤怒的时候。对于"正常"的人来说，爱要远远多于挫败，因此出现的挫折的插曲以及由此引起的恨意，都可以被克服。可以肯定的是，爱大于恨，并且爱的失去只是暂时的。而抑郁气质者则缺乏这样的自信，当他和亲密对象之间出现问题时，似乎没有什么能让他们和好如初。争吵是毁灭性的，因为没有可以回归正常关系的坚实基础，也缺少潜在的对积极关系的保证。正是因为如此，在抑郁气质者看来，自己的愤怒具有极大的破坏性。他必须压抑这种愤怒，如果他不这样做，就有可能永远摧毁他与所爱之人的关系。

因此，对于抑郁气质者来说，与自己所爱之人发生分歧之后，无论这种分歧是多么微不足道，都要做出补偿。许多人会在吵架后赠送对方昂贵的礼物，急于"言归于好"，并且在确信对方已经原谅自己之前，他们会感到非常不安。他们不断地寻求一种保证，想要确定对方能够容忍他们通常能够控制住但往往一触即发的敌意。

如果我们可以从实际的日常关系中看到这个过程（想必很多人都很熟悉），那么我们就能更好地理解，对于通过创造进行补偿的人来说，这是一个纯粹的内在过程。他摧毁了老师们传授给他的世界，通过创新来暗示他的老师们是错误的或者存在着不足。他可以通过创造性作品来减轻自己对于叛逆的内疚感，因为他的作品即使不被自己的老师们称道和认可，至少也会被有足够洞察力的同时代人认为是有价值的。对于以这种方式反叛的人来说，他所摧毁的并不是外部世界的任何人，而是他在孩提时代就内摄为自身一部分的内在客体。他是在反抗他被教导的标准、信念和生活准则。这就留下了一道鸿沟——一个必须被填补的空白。

每位艺术家的作品中都隐含着自己的个人观点。正如萨默塞特·毛姆（Somerset Maugham）在《巨匠与杰作》（*Ten Novels and Their Authors*）中所写："必须承认，把一位小说家仅仅描绘成一个讲故事的人，对其是一种无礼的行为。恕我直言，其实根本就不存在这样的人。通过他所讲述的事件、他所选取的人物，以及他对之持何态度，作者呈现给你一种对生活的批判。或许它并不怎么新颖、深刻，但却实实在在地摆在那儿。因此，尽管作者自己都不知道，其实他在一定意义上已经是个道德家了。"

补偿是处理抑郁的一种方式，而另一种方式是所谓的"躁狂性防御"。当一个人转为躁狂时，他颠覆和否认了自己的抑郁。他变得过度活跃，这与抑郁状态下的活动抑制形成了鲜明的对比。他不再对他人的需求和愿望敏感，而是变得不体谅、易怒和吹毛求疵，经常粗暴地对待他人，或者不假思索地攻击他们。他不再情绪低落，反而声称自己感觉很好，得意扬扬地宣称自己有能力克服一切障碍。他不再认为自己贫穷或者缺乏能力，而是无所不能地宣称自己十分富有，并且充满自信。

我们很容易就能觉察到，他们仍然是抑郁的，尽管他们本人试图否认这一点。他们无所不能的态度是夸张的，膨胀的姿态是空洞的，所谓的富有只是虚张声势，所声称的技能在现实中也缺乏证据。然而，这种躁狂性防御可以在一段时间内奏效，只要当事人没有筋疲力尽。此外，对于创造性人才来说，在这种状态下完成的作品未必会比他们在更为清醒的时候完成的逊色。

作曲家罗伯特·舒曼（Robert Schumann）就是一个很好的例子。尽管一些传记作家错误地给他贴上了"精神分裂症患者"的标签，但是毫无疑问，正如艾略特·斯莱特（Eliot Slater）和阿尔弗雷德·梅耶（Alfred Mayer）所论证的那样，他的精神障碍属于躁郁症。舒曼一生不同时期的情绪波动幅度相当大。仔细研究这些情绪变化和舒曼作品之间的关系后，可以发现他一般都在心情愉悦的时候进行创作，当抑郁发作时就停止创作。斯莱特和梅耶在《对音乐家病理学的贡献：罗伯特·舒曼》（Contributions to a Pathology of Musicians: Robert Schumann）中写道："如果认真研究一下舒曼的创作年表，就会发现抑郁期的抑制作用和兴奋期的激励作用都是极为明显的。1840 年和 1849 年是他创作的巅峰时期，在这两个年份里，他全年都处于情绪高涨的状态。在其他大多数年份里，他都有几周或几个月的抑郁期，这无法在创作年表上区分出来，但是 1844 年这一整年，他的情绪都很低落。同样值得注意的是，无论作品质量如何，在 1850—1853 年这 4 年中，他的产量一直很高。尽管出现了器质性症状（除了躁郁症之外，舒曼很可能还患上了梅毒引起的麻痹性痴呆），但在这几年里，他完全摆脱了抑郁和疑病症。唯一的例外是 1852 年 4 月和 5 月，他经历了一段时间的抑郁。"1854 年，舒曼投入莱茵河之后获救，在医院里度过了人生最后的两年。当然，如果一个人狂躁到了明显患上精神疾病的程度，他就不太可能创作出多么优秀的作品，因为他总是焦躁不安，无法潜心进行创作，并且还很可能把幻想误认为现实，相信从他过度活跃的大脑中涌现出来的各种想法并以此证明自身的能力。至少有一些伟大的创作者，似乎是在竭尽全力摆脱抑郁的阴影并且过度活跃和浮躁的过程中才创造出绝世佳作。

法国作家奥诺雷·德·巴尔扎克（Honoré de Balzac）很可能属于躁狂-抑郁气质。他的矮胖型体格通常与这种气质有关：腿短，腹部过早地隆起，脸部丰满而松弛。他的精神病理问题，并不仅仅是因为先天的遗传因素。按照当时的惯例（他出生于1799年5月20日），他被送给乳母喂养。但是他的乳母住得很远，而他的母亲很少去探望他。巴尔扎克"永远不能原谅他母亲这样同他分离，他曾写道：'我母亲的冷漠使我的身心遭受到多么不良的影响！难道我只是义务的产物，偶然的产物？……我被寄养在乡下，被家里人遗忘了3年，我回到父母身边的时候，他们一点也不把我放在心上，以致引起了外人的同情……'后来他甚至写道：'我从来都没有过母亲。'"传记作家安德烈·莫洛亚（Andre Maurois）认为这句话"太过分了，他是在盛怒之时写下的"。但是，他又接着敏锐地写道："但这个孩子的确曾经感受到极大的痛苦，即使事实上并不这么严重，毕竟他自己是这么感觉的。有一些明明是合法婚姻所生的孩子，因不理解自己为何不受宠爱，便想象自己是私生子，得不到父母的承认。为了弥补内心的感伤，他们比一般人有更强烈的追求成功和荣誉的欲望。"8岁时，巴尔扎克被送到旺多姆的教会学校，他在那里待了6年，一次也没有回过自己的家。据他自己描述，在这段时间里，母亲只看望过他两次，尽管学校离他家只有35英里远。这充分证明了巴尔扎克的母亲确实对他疏于照顾，也过于吝啬——她给他的零用钱很少，以致他不能和同伴一起游戏和消遣。

无论最初的原因是什么，巴尔扎克终其一生都贪婪地渴望着爱和名望，好像他内心有一个空洞，外界再多的供给都无法填满它。当他还是个小学生时，就说"我一定会出名"，并且在很小的时候，他就形成了这样的观念：只要学会全神贯注并且充分训练自己的意志，就可以拥有无限的力量。至少在年轻的时候，他相信世界是一片丛林，成功必然属于像他所塑造的著名罪犯形象伏脱冷（Vautrin）那样的人——把男人和女人当作棋子，通过无情的算计来达到自己目的。1820年，他在给一位朋友的书信中写道："不用多久，我就会掌握这种神奇力量的奥秘。我可以驱使所有的男人听从我的命令，令所有的女人都爱上我。"如果有人难以相信之前我们所讨论的"全能感"这个精神分析概念，那么他可以了解一下巴尔扎克的生平和观点。他宣称："我唯有两个夙愿：成名和获得爱情！"他最终实现了这两个愿望，但却利用创造性工作结束了自己的生命，因为名望和爱情都不足以填补他内心痛苦的空虚，这种空虚是母亲对他的拒绝和否认所造成的。

我们也可以看到他有情绪波动的证据。"要么认为自己了不起，要么认为自己一文不值。"他母亲在信中这样评价他。而他的妹妹洛尔（Laure）给母亲回信说："有谁能像他这样善良呢？的确，他的情绪很不稳定，忽而忧伤，忽而欢乐，这又何妨呢？谁没有自己的弱点呢？"

在他的书信中，巴尔扎克说自己"生而不幸"，尽管他有宏伟的幻想，却是"一个平庸之辈，被毫无激情的灵魂占据着……侏儒无法举起赫拉克勒斯的大棒"。在巴尔扎克25岁时，一位朋友发现他站在一座桥的栏杆边向塞纳河看去。他向朋友承认，自己想要自杀。

在自己的想象中，他冷酷无情，并且相信可以利用意志来智取和剥削他人，而实际上，他却善良而慷慨，这种对比是非常典型的。正如我们看到的，抑郁气质者通常颇为和善大方，也能感知他人的需求。这在一定程度上是由于他们过分急于取悦他人，需要讨好他人，并且想要做出补偿，不过这并不会贬损这些行为的高尚之处。但在巴尔扎克的作品中，我们看到了事情的另一面，有时候对权力和金钱的无情追求似乎是唯一重要的事，而爱和温情要么不存在，要么只是获得名望的垫脚石。巴尔扎克的野心是病态的，这一点无须强调。在他的书房里有一尊拿破仑的雕像，雕像的剑鞘上贴着一张纸："他未曾用剑得到的，我将用笔实现。奥诺雷·德·巴尔扎克。"

巴尔扎克所做的一切都非同寻常，他具有典型的"躁狂"特征。他挥霍无度，以至于经常欠债。有些传记作家把他的过度劳累归咎于偿还债务的需要，而毛姆在《巨匠与杰作》中大量引用了安德烈·比利（Andre Billy）的传记，甚至说："只有在债务的压力下，他才能下定决心认真创作。此时，他能一直写到脸色苍白、筋疲力尽，而且他正是在这种环境下写出了自己最好的几部小说。可要是什么时候太阳从西边出来,他居然没有身处困境,或者经纪人不来打扰他,或者编辑和出版商没有起诉他,他反而没有了创造力,无法静下心来动笔写作。"

或许,他把债务作为一种强迫自己写作的手段。债务就像编辑的交稿期限那样,作为一种外部权威,可以把他萎靡不振的意志转化为实际的行动。但是,巴尔扎克始终坚信,他可以通过写作来赚取大笔财富(事实上确实如此,尽管他从来都入不敷出)。更有可能的是,他那浮夸的、狂躁的想象力不断地将未来的希望误认为是当下的现实。他总是确信,他的下一本书就可以为自己迫不及待的挥霍买单,而这种挥霍也是他试图弥补自己童年早期缺失的一种方式。

有意思的是,在他的印刷出版业务失败后,为了让自己免于破产,巴尔扎克从母亲那里索取了一大笔钱——这是他对母亲的报复。顺便提一句,这桩生意是由他的情妇德·贝尔尼夫人(**Madame de Berny**)资助的,当时她45岁,而巴尔扎克22岁。对巴尔扎克来说,贝尔尼夫人显然代表着他从未感到自己拥有的母亲,同时也是他的情人。(其实她比他的母亲还要年长。)她的教名是洛尔,这也是他母亲和他最喜欢的妹妹的教名。毛姆严厉谴责了巴尔扎克认为是母亲毁了自己的言论:"此言实在令人震惊,应该说他毁了自己的母亲才对。"无论人们如何谴责他对母亲的依赖,并拿走了她的大部分财产,但毫无疑问的是,母亲对他确实冷漠和忽视;并且,无论他对她的谴责多么不合理,但是就感受和情感而言却是可以理解的。

躁狂-抑郁气质的特点是反复无常,这不仅仅体现在情绪波动方面。巴尔扎克在疯狂地工作和疯狂地享乐之间来回切换,而且两者都极端到病态的程度。工作时,他这样安排自己的时间:晚上6点吃完晚饭之后,睡到凌晨1点,接着工作到早上8点。然后休息一个半小时,起来喝杯咖啡,再工作到下午4点。从4点到6点,他可能会接待客人、出个门,或者洗个澡,然后再开始新的循环。他可以这样持续几个星期。在工作时,他几乎不怎么进食,但有时也会暴饮暴食,面不改色地喝下4瓶伏特加,狼吞虎咽地吃牡蛎和肉排。

巴尔扎克盗用了另一个家族的盾徽，并且在自己的名字后面加上了表示贵族出身的"德"（de），好让人们以为他出身高贵，这是躁狂者典型的自我膨胀。①此外，他还过分讲究衣着，把房子布置得十分奢华，这些都超出了他的经济承受能力。（躁狂症患者会习惯性地过度消费。）他还喜欢滔滔不绝，尽管他幽默风趣，但只有在长篇大论的时候，他才处于最佳状态。虽然他经常严重超负荷工作，却总是无法按时履行合同。其中部分原因是他总是反复地修改自己的校样，《比哀兰特》（*Pierrette*）这部小说居然有 29 份校样。

巴尔扎克甚至会为他最为普通的财产编造极其荒诞的故事。他在维也纳得到的一枚戒指是从莫卧儿帝国的皇帝那里偷盗的。他的咖啡一定要经过特别的冲调。据赫伯特·亨特（Herbert Hunt）在《巴尔扎克传》（*The Life of Balzac*）中所述，他的茶据说是中国皇帝送给俄罗斯皇帝的礼物，茶树由官吏精心照料，少女们在黎明前把叶片采摘下来，"她们唱着歌把它献到皇帝脚下"。他的手杖上镶满了珠宝。在他 51 岁去世时，还欠下 83502 法郎，尽管他的资产是这个数字的两倍。

巴尔扎克的例子充分说明了，躁狂性防御实际上可以在很长一段时间内保护一个人不受抑郁的影响。巴尔扎克的奢侈浮夸、自命不凡，以及他喜欢长篇大论的习惯，都是为了增强他的自尊。其他作家满足于描写社会的一小部分，如果他们走出这个范围，往往会失败。而巴尔扎克以整个社会，甚至是整个人类的境况作为写作题材，比如，《人间喜剧》（*La Comédie Humaine*）则是描绘了人间百态。巴尔扎克有着基于详细观察的惊人的技术知识。当他描写一位律师如何生活、一位放债人如何经营或者一位记者如何获得工作时，人们很清楚他在写什么。他对事实有着一种超乎寻常的热情。巴尔扎克的想象力也是超凡的，但这是一种脱离了事实基础的想象。他笔下的人物是对现实的强化和夸大——他们可能被过分简单化了，主导着他们的情感基本上不会像巴尔扎克所刻画的那样席卷一切。但是

---

① 巴尔扎克原本的姓氏是"巴尔萨"，这是一个普通平民的姓氏。他的父亲发迹后，将这个姓氏改为中古贵族姓氏"巴尔扎克"。——译者注

巴尔扎克笔下的人物让人信服，因为他对他们的描写是以观察为基础的。法国诗人波德莱尔（Baudelaire）写道："《人间喜剧》中的人物，上至豪门显贵，下至庶民百姓，无不比现实戏剧中的人物更渴求生活，在斗争中更活跃、机智，享受时更加贪婪，忍受苦难时更加坚忍，奉献时也更加伟大崇高。"确实如此。但巴尔扎克的夸张是建立在外部世界的现实基础之上的。如果我们将他的想象与内倾的分裂特质作家（比如卡夫卡）进行对比，就会立刻看到他是多么贴近现实。特别是当他描写金钱这个主题时，就更加可以看到他的现实性——所谓的现实主义小说家们常常会回避这个主题。

在讨论牛顿和爱因斯坦时，我们认为他们各自创造的新世界秩序本质上是唯我论的。每一个体系的非凡之处在于，它实际上与外部世界的现实相一致，并且可以通过实验来证明这一点。但理论是先出现的，随后才有证据。正如爱因斯坦所说："理论可以通过实验来证明，但是从实验中却找不到一条导致一个理论诞生的途径。"

而外倾的巴尔扎克提出了完全相反的理论。当他第一次想到要把自己所有的小说都纳入一个宏伟的规划时，他在一封信中描述了他将从《风俗研究》（*Etudes de Moeurs*）开始，因为它代表了"一幅完整的社会图景"。接下来是《哲学研究》（*Etudes Philosophiques*），即"情感的原因、生活的意义"。在《风俗研究》中，要描写每一类社会人物的真实生活，而在《哲学研究》中，要通过个人的典型故事来反映作者的哲学思考。接着是《分析研究》（*Etudes Analytiques*），描述原则，而不是结果和原因。"但是在完成这首诗，对整个系统进行阐述之后，我将在'关于人类力量的探讨'中提出它的科学理论。"

换而言之，巴尔扎克和科学家一样，也是一位体系的创造者。但和伟大的物理理论家不同的是，他并不是从内心出发的。他首先对事实进行了描述，接着是梳理这些事实的表面原因，然后才试图去建构一个理论。这与内倾型理论家的思考方式恰恰相反，尽管后者的成就也依赖于对许多事实的了解。

因为躁狂性的过度活跃，巴尔扎克过早地离开了人世。1848年，也就是法国爆发革命的那一年，他的抑郁症又复发了，雪上加霜的是他的心脏衰竭也越来越严重了。这次抑郁症复发照例是在他很长一段时间没有像平时那样努力工作之后。这样看来，他的活跃确实曾有效地保护了他。其实在普通人身上，我们也可以经常看到具有类似气质和行为的个体。他们无法停下工作去享受假期，也没有时间放松或维护人际关系，这在雄心勃勃的男性身上很常见。在精神病学实践中，我们可以更多地在政治家和金融家身上看到这种情况。百万富翁们往往都属于这种人格结构。政客们总是把日程安排得很满，从一睁眼就忙得不可开交。召开议会的时候，他们晚上根本不回家；议会休会的时候，他们还要跟选民们见面，阅读书籍报刊，参加各种会议，去各种协会团体发表演说。政治生活对于这样的男性来说是一种理想的生活：他们需要永不停歇地忙碌，内心的不安全感驱使着他们追求权力，他们用外在的活动来取代通过培养人际关系而获得的自我认识。很多人不是在工作，就是在睡觉，很少或根本没有休息时间，否则自我怀疑就会悄然袭来，抑郁的阴霾就会遮蔽他们面前的希望。躁狂、过度活跃者的防御方式是多种多样的，但正如本章所论证的那样，一些创造性人才之所以通过这种方式使用自己的天赋，是因为创作是一种可以保护自身免受潜在抑郁的威胁的特别有效的方法。

第八章

创造性与强迫型人格特征

　　创造性与强迫特质之间的关系是一个相当有趣的话题，因为世界上许多伟大的创作者都表现出强迫的症状和性格特点。狄更斯、斯威夫特、约翰逊博士、易卜生、斯特拉文斯基、罗西尼和贝多芬都跻身其列。然而，在很多方面，我们从精神病学和精神分析教科书上所了解到的强迫性人格，与创作者的个性和气质大相径庭。因为我们先入为主地将创造性与自发、自由和不拘一格联系在了一起，而强迫者的思维是受到控制和拘束的，是僵化的。我相信，对这个似乎有些矛盾的现象进行探索，对于揭示创造的过程是有价值的。

　　也许强迫特质最为显著的特征，就是对控制自我和环境的强迫性需求。无序和自发性必须尽可能地避免，因为两者都显得具有威胁性，并且是不可预测的。这种对控制的需求的一个特点就是追求极端的整洁，这是强迫者的典型特征。如果每一样东西都各司其位，那么就实现了秩序和控制。因为污秽通常被认为是一种混乱，是侵入系统的外来物，而不是它天然的一部分，所以对清洁的过度关注常常伴随着强迫。房间必须一尘不染，衣服不能有一点污渍，身体也一定得清爽无味。强迫者对于人体的生理功能，特别是排泄功能的习惯性厌恶，完全证实了弗洛伊德的观点，即强迫的起源与对儿童的排泄过程进行控制训练有关。仔细阅读《格列佛游记》（*Gulliver's Travels*），我们很快就会发现斯威夫特对排尿和排便的关注，以及他对身体的厌恶。格列佛结束航行，从慧骃国回到家中时，甚至无法忍受妻子亲吻他。

> 我一回到家,我的妻子便双臂抱住我并亲吻我,而我在这么多年里都没有触碰过这样令人生厌的动物了,立即昏过去了将近一个小时。我在写这本书的时候,回到英格兰已经五年了,在第一年里,我完全不允许妻子和孩子出现在我面前,我无法忍受他们身上的气味,更不要说让我和他们在同一个房间里吃饭了。直到此刻,他们仍然不敢碰我的面包或者跟我用同一个杯子喝水,我也从来不允许他们拉住我的手。

对排泄物的厌恶通常会扩展到身体其他部位,以至于汗液、痰液、鼻腔和耳部分泌物,还有精液都归于此类。焦虑最初关注的是控制尿液和粪便的排出,后来逐渐扩散到身体的其他排泄物。有一种阳痿叫作射精迟缓,其表现就是性高潮要么被推迟很长时间,要么根本就不会到来。这种障碍通常出现在强迫者身上,他们想要控制自己的性行为,就像他们想要控制其他所有一切一样,并且即使在需要放弃这种控制的时候,他们也不敢释放。当然,便秘也是强迫者常见的问题,而大肆宣扬可以"清洁肠道"的泻药广告更是为他们量身定做的。

严格的控制已经成为习惯,这往往让强迫症患者难以从事跳水、翻跟头或者跳马之类的活动,因为所有这些活动都需要在关键时刻释放。

弗洛伊德视金钱如粪土,即使无法接受他的观点,我们也不难理解强迫者很可能是节俭吝啬的,因为大手大脚地花钱是一种释放。这种行为还隐含着对未来的漠不关心,这也与强迫者格格不入,因为他们关心的是如何让未来尽可能地可控和能够预测。强迫者会提前规划、追求稳妥、未雨绸缪,这样他们就不会因为意外事件而忍受焦虑。他们在很大程度上生活在未来,这损害了他们在当下的体验。如果一个人总是专注于可能会发生什么,就很难全然投入地品味和欣赏此时此地正在发生的事情。强迫者在剧院或音乐厅里可能完全不会被情感左右,因为他们过度专注于计划如何回家或准时地赶上火车。

强迫的另一个特点是一丝不苟地关注精确性。在某些行业，这种精确性是必须的，并且天生拥有这种能力的人会占优势。银行职员往往有强迫的特质，他们整天都忙着计算一列列数字，确保账目准确无误。词典编纂者和议会文件起草者也是如此，他们关注的是单词和句子表达的绝对精确。对于作家来说，这个特点是一把双刃剑。准确地使用词语当然是有价值的，但有时他们会夸张到荒谬的地步。美国短篇小说作家多萝西·帕克（Dorothy Parker）在一次访谈中说："我写一个故事要花 6 个月的时间。我把它构思出来，然后逐句地写——而不是先写下初稿。每写下 5 个词，我得改掉 7 个词。"法国艺术家让·考克托（Jean Cocteau）在《艺术家的信仰》（*The Faith of an Artist*）中这样评价自己："我最大的缺陷来自童年时期，就像我所有的缺陷一样。我一直是强迫性节奏的受害者，这些节奏让一些孩子精神发育不全……吃饭时以一种特殊的方式摆放盘子，或者以特定的方式踩过人行道上的某些沟槽。在我写作的过程中，这些症状紧紧地抓住我，迫使我抗拒推动我前进的力量，让我陷入某种奇怪而有缺陷的写作风格，阻碍我自由地表达。"一些具有强迫特质的作家不愿"放手"，也不想冒险让他们的想法和感受喷涌而出，这往往说明他们对绝对正确有一种执着的追求，他们的创作能力因此受到限制。

在什么情况下，对精确性的关注会成为一种病态？这很难说，就好像有时候我们很难把合理的预防措施和强迫性仪式区分开来。一个重要的特点是，个体对此反感或者觉得荒谬，但仍然自愿地从事一丝不苟的行为。当一个人明知前门或者煤气阀已经关好了，却还要去检查的时候，这就是病态的；当一个人即使知道反复检查自己的作品并不能提高它的质量，但却忍不住要这样做时，这也是不正常的。但如果是因为对作品不满意而有意试图改进，或者对自己不太确信的部分进行检查，就不应被视为强迫行为。换言之，只有在个体明知反复检查并不必要，但还不得不违背自己的意图去检查的时候，这种反复检查的冲动才会被称为一种病理症状。在这种情况下，反复检查的活动已经成为一种仪式，而不是代表确认的需要。

一位女性在出门前不得不花上几个小时反复整理自己的头发，这表明她感觉自己是不被接受的。保持干净整洁是合理的需求，为了让自己更有魅力，更容易被别人接受而精心打扮自己，这也是正常的。但是，对外表的关注必定有一个限度，尽管我们很难精确地说出这个限度在哪里。在维多利亚时代，上流社会的年轻女性从下午4点半就开始为赴宴盛装打扮，这并不反常。但在服装更为简洁、社会也不再那么等级分明的今天，如此漫长的准备通常是强迫性精神病理的标志。

另一位女性总是纠结于自己裙子的长度。她的裙子不仅要平平整整，而且长度也必须恰到好处。如果裙子太短，人们会认为她不够得体、有些轻浮；如果太长，人们会觉得她古板老套。纠结之下，她浪费了几个小时来修改裙子的长度，或者经常把裙子送到裁缝那里去修改，为此花了不少钱。当然，裙子的长度永远都不可能完全"合适"，因为内心别扭的感觉不可能仅仅依靠外部活动就纠正过来。当最初合理的关注成为一种强迫性的仪式时，意义就发生了转变，因此，一种外部活动开始代表一种内在的心理过程。这位女性在内心无法接纳自己身上的一些东西，无法与它们和平共处。尽管她并没有意识到这一点，但她的内心充满怨恨。表面上，她是"无私"的，实际上她却是"自私"的，因为她的症状经常给家人带来困扰。在某种程度上，她知道自己并不像看起来的那么"美好"。她不得不制订特别的计划来保持自己"美好"的外表，否则别人可能就会发现她真正的样子。她其实是通过仪式进行伪装，让自己和别人以为她的"美好"是表里如一的。

如果一个孩子在童年早期就对他这个年龄应该有的肮脏、零乱和不修边幅感到内疚，那么在成年后他可能就会过度关注这些外在的细节，他也会带着很多怨恨。如果在专制或者道德批判的环境下长大，孩子会感到非常内疚，在成年后出现严重的强迫症状，尽管许多孩子的症状只是过渡性的。更重要的是，很多孩子在成长过程中从未感受过每个人都需要的无条件的爱。敏感的孩子可能很快就会明白，只有做个乖孩子才能得到爱，如果他们肮脏、邋遢、粗心大意或者不受控制，就不再被爱。另外，用这种标准要求孩子的父母往往过于在意邻居们的想法，以至于孩子开始相信，良好的举止比自发的感受更重要，整洁干净比能够自由释放和自得其乐更重要。

前面描述的这种强迫性仪式是病态的，并且会影响正常的生活。强迫性地洗手，强迫性地清洁打扫，强迫性地检查煤气阀，厨师因为害怕做出的食物里面有碎玻璃必须筛查所有食材，女性每次在排便以后都必须沐浴，这些都是在浪费时间，是把原本给予内心生活的关注转移到并不重要的外部事物上。通过这些仪式，他们想要避免性冲动和攻击性冲动（只要稍有机会，这些冲动就会浮出水面），或者对抑郁状态或分裂状态进行防御，又或者像上文提及的那位女性一样，他们努力抵御他人攻击和诋毁自己的偏执想法。在这些情况下，强迫行为在本质上是一种防御。这是一种象征性的尝试，目的是清除头脑中不可接受的情绪和冲动。这种尝试失败了，因为一个人终究无法驱逐自己本性的一部分。最终，他要么学会接纳，要么继续维持神经症。我们必须接受这一切：每个人都会排泄；我们自私、贪婪、经常怀有敌意；我们都有并不"美好"的性欲，也有嫉妒心和好胜心。

不过令人惊讶的是，我们称为病态的这种强迫行为也可以起到积极的作用。许多幼儿会经历一段时间的强迫，但在以后的生活中不会患上强迫性神经症。他们经常要求父母在睡前进行一些仪式，以驱散他们对黑暗的恐惧。他们要求按照完全相同的顺序来重复说晚安的过程，或者以某种特定的方式来铺床单，或者必须按照次序摆好玩偶。毫无疑问，这些措施起到了对冲动进行象征性控制的作用，这些冲动在黑暗中很容易进入儿童的意识，而在白天忙碌的外部活动中，它们没有这样的机会。事实上，这些预防措施往往是有效的。如果没有举行这些仪式，孩子可能会害怕得睡不着觉，而完成这些仪式之后，他就可以愉快地入睡了。

此外，由儿童自己执行的仪式，同样也可以起到积极的作用。城市人行道的"直线与方块"仪式、数台阶仪式、左右摇晃保持平衡的仪式，这些看起来可能和我们之前所描述的成人的强迫行为一样徒劳。但是，这些短暂的童年仪式实际上可能是自主的开端，标志着他们摆脱了对父母的依赖。因为孩子一旦开始举行属于他自己的仪式，他就是在证明自己有能力保护自己免遭外部和内部世界的危险，而不再需要他的父母为他这样做。这些仪式让孩子从幼年期的完全依赖到潜伏期的部分独立的过渡变得更加平稳，并且在这些过渡阶段（例如青春期），象征性的仪式化行为都会增加，其目的在于强调和渲染内在的心理变化。此外，仪式起初与我们所描述的那种强迫冲动很难区分，实际上却可以通过让一个人接触到他自己的内心生活，或者引导他进入一种有利于健康和进步的心理状态，来达到一种有价值的目的。宗教经常利用仪式在信徒中诱导适当的精神状态，无论是忏悔、欣喜，还是对圣灵顶礼膜拜的虔诚专注。在早期的论文《强迫行为与宗教实践》（*Obsessive Actions and Religious Practices*）中，弗洛伊德将宗教仪式与神经症性的仪式进行了比较："因此，仪式最初是一种防御或者安全行为，是一种保护措施。强迫症患者的内疚感可以在虔诚者的身上找到对应，他们认为自己的内心有罪，每日必行虔诚的仪式（如祈祷、祈求等），会做出各种不寻常的举动，这一切似乎都有一种防御和保护的作用。"

但是，宗教仪式仅仅是一种抵御被压抑的性本能和攻击本能的方式吗？弗洛伊德认识到，强迫行为包含妥协的成分，因为它们可以间接或部分地表达它们所防御的冲动。我认识一位强迫洗手的患者，他必须把每一根手指放在握紧的另一个手掌中上下搓洗。每次洗手时，他都在做一个象征性交的下流姿势。这个仪式最初是为了消除自己对手淫的罪疚感。他既免除了自己的性耻感，同时又间接地表达了性欲。弗洛伊德认为，所有的宗教都要求放弃本能，但"强迫行为具有妥协的特点，而这个特点在相应的宗教仪式中却最不容易被发现。然而在这里，当我们想到宗教所禁止的所有事情——这是它所压抑的本能的表达——是多么普遍地以宗教的名义而实施时，就会想起神经症的这个特点"。

在这里，尽管弗洛伊德没有这样说，但他或许想起了宗教裁判所的虐待狂、宗教狂热分子的偏执和争吵，甚至是早期基督徒的奇怪行为——他们对性的厌恶让他们针对这个问题做了极为特殊的规定。爱德华·吉本（Edward Gibbon）在《罗马帝国兴衰史》（*The Decline and Fall of the Roman Empire*）中写道："为夫妻同床共枕制定的极为荒唐的条款，如果在这里列举出来，将会使得年轻人捧腹大笑，也会让女性听了脸红。"很明显，详尽冗长的性罪目录既列明了什么是禁忌，同时又揭示了对这一主题的强迫性兴趣，从而实现了弗洛伊德所假设的妥协。

然而奇怪的是，弗洛伊德很少强调仪式可能具有积极的作用这一事实。

精神分析的技术本身就包含仪式的元素。在安静的房间里，病人躺在躺椅上，而分析师坐在他身后，省去了日常的寒暄，治疗时长是固定的，这些惯例都是为了让病人更好地接触自己的内心世界。事实上，弗洛伊德确实认识到了这一点，他在1913年的《论治疗的开始》（*On Beginning the Treatment*）这篇论文中提及了"仪式"："在我结束这些关于开始精神分析治疗的评论之前，我必须说几句关于某种仪式的话，它涉及进行治疗的位置。我坚持的原则是让病人躺在沙发上，而我坐在他后面、视线之外。"然而，弗洛伊德似乎仍然把仪式几乎完全视为防御，很少考虑其任何积极的作用。这或许是因为他对创造性活动的价值存在矛盾心理，这一点我们已经在前面的章节提到过。如果创造性总是被视为更原始的活动的替代品，而不具备自身的价值，那么人们自然就会认为，有助于创造性活动的仪式是防御性的，不具有建设性意义。尽管我们在前两章已经看到，创造性活动可以被视为对分裂状态或者抑郁状态的一种防御，并且在某些情况下确实也是这样使用的，但我们不能轻率地认为这就是故事的全部。似乎更有可能的是，人类的创造性行为只是他所能从事的一系列活动之一，因为人类生来就无法从纯粹的"本能"行为中获得完全的满足。换句话说，如《马太福音》所言"人活着，不是单靠食物"，这是一个需要不断重申的真理，因为精神分析不断暗示，幸福几乎完全依赖于性的满足。这个问题将在后面的章节进一步讨论。

无论如何，强迫性仪式的积极作用是毋庸置疑的。许多艺术家表现出仪式行为，目的是诱导出进行创造性活动的合适心态，而很多人如果缺少仪式，就无法开始工作。据俄国作曲家尼古拉斯·纳博科夫（Nicolas Nabokov）的描述，斯特拉文斯基在好莱坞的书房，清晰地证明了其对强迫性仪式的需要："这是一个非同寻常的房间，也许是我有生以来见过的最井井有条的工作室。在不超过25英尺乘40英尺的空间内，摆放着两架钢琴（一架三角钢琴、一架直立钢琴）和两张桌子（一张小巧精致的写字台和一张绘图桌）。在两个有玻璃架子的橱柜里，放着按照字母顺序排列的书籍和乐谱。在两架钢琴、橱柜和桌子之间，随意放着几张小桌子（其中一张是'吸烟者的乐园'，陈列着各种各样的香烟盒、打火机、烟嘴、打火石和烟斗通条）、五六把舒适的椅子，还有斯特拉文斯基用来午睡的沙发。"正如他的传记作者埃里克·瓦尔特·怀特（Eric Walter White）所言："对于斯特拉文斯基来说，作曲是一种有序的仪式，需要一个配备恰当装备和工具的工作间。"瑞士作家雷默兹（Ramuz）这样形容他的手稿："斯特拉文斯基的乐谱令人赞叹。首先，他是一位当之无愧的书写大师……他的写字台可以与外科医生的工具箱媲美。一瓶瓶不同颜色的墨水排得整整齐齐，各司其职。旁边是各式各样、形状各异的橡皮和各种闪闪发光的尺子、削笔刀，还有斯特拉文斯基自己发明的用来画五线谱的工具。这一切让人想起圣托马斯的名言：美是秩序的光彩。乐谱的每一页都用了不同颜色的墨水——蓝色、绿色、红色、两种黑色，每一种颜色都有其特殊的用途和含义。与此同时，小节线是用直尺画的，写错的地方被小心地擦去。"

正如怀特观察到的："在这些精心设计和书写的页面中，似乎有一种不近人情的东西，作曲家好像在模仿蚀刻板上毫无个性的修饰。"尽管怀特先生可能并不赞成这一点，但是有些人认为，这种不近人情至少反映在斯特拉文斯基的一些作品中。这些作品枯燥无味，缺少灵动感，强迫者很容易被这个问题困扰，因为他们缺乏灵动的感受。显然，斯特拉文斯基害怕失控，我们已经讨论过，这是强迫性人格的一个特点。怀特认为："斯特拉文斯基对《春之祭》（*The Rite of*

Spring）的反应非常强烈。他似乎感到自己放纵了酒神的冲动，需要在事情失控之前收紧缰绳。转变的第一个迹象是他开始专注于小型合奏，而不是早期乐谱所要求的大型管弦乐队。"对于斯特拉文斯基来说，《春之祭》是一个心理上的里程碑。怀特写道："《春之祭》强大的原创性代表斯特拉文斯基战胜了悲惨的童年所带来的压抑，取得了重要的个人胜利。多年以来，他一直在试图摆脱家庭生活所带来的无聊的限制。现在，他终于通过艺术表现的方式成功地做到了这一点，因此，促使他的内心获得解放的应该是春天的景象——'俄罗斯狂风骤雨般的春天似乎倏然而至，整个世界好像都天崩地裂了'。据他自己承认，在他的童年时代，这是每一年里最美妙的事件。"

作曲家罗西尼以创作速度之快而闻名。根据他自己的描述，他在 13 天内完成了《西维利亚芭比娃娃》（*Il Barbiere de Siviglia*）。表面上看，这位看似不羁的享乐主义者不太可能表现出强迫性的特征。但是在作曲方面，至少在他生命的后半段，他与斯特拉文斯基有着惊人的相似之处。在温斯托克（Winstock）所写的传记《罗西尼》（*Rossini*）中，意大利画家德·桑克蒂斯（De Sanctis）给出了以下描述：

> 罗西尼在誊写自己的作品时付出了巨大的努力，他不厌其烦地完善它们，总是回头反复阅读并修改音符，他习惯用刮刀以非凡的耐心擦去错误的音符。根本无法想象，一个想象力如此丰富的人，竟在这样的细枝末节上那么投入。我观察到的另一件事情是，他的习惯是有规律的，并且他喜欢把周围的家具和物品对称摆放。他习惯每天在自己的卧室里待上很多个小时，待客和工作都在这个房间里。书写桌放在房间中心的位置，上面整齐地摆放着纸张、不可或缺的刮刀、钢笔、墨水瓶和其他用于书写的物品。壁炉架上有三四顶假发，间隔均匀地排成一排。在白色的墙壁上悬挂着一些用宣纸画的日本微缩画，一些带有东方韵味的物

件像奖杯一样放在斗柜上。靠墙的床总是一尘不染，房间四周放着几把造型简单的椅子。一切都整洁干净、井井有条，令人赏心悦目，但是这并不像一位艺术家居住的房间，我们更容易想象艺术家是喜欢混乱的。当我被这种完美的秩序打动，并向这位大师表达我的惊诧时，他告诉我："哦，亲爱的朋友，秩序就是财富。"

有意思的是，有一些证据表明罗西尼有躁狂-抑郁气质（当然，这与他的强迫特质并不矛盾），而由于他患有慢性尿道炎和其他身体疾患，临床情况变得更为复杂。在1839年至1843年，他经历了多次严重的抑郁发作。对此，温斯托克形容道："黑暗绝望的情绪，有时如此失去理智，就像刚刚开始的疯狂。"1829年，在完成《威廉·退尔》（*William Tell*）之后，罗西尼停止了歌剧创作，时年37岁。长期以来，人们一直认为这是因为他无法面对与德国作曲家梅耶贝尔（Meyerbeer）的竞争，因为梅耶贝尔的歌剧获得了更多的演出，但当代的证据并不支持这种说法。背后很有可能存在两个因素。首先，罗西尼的18世纪风格正在被浪漫主义取代，并且他发现自己并不太认同"新音乐"。正如他自己所说："天才也需要及时隐退。"其次，他的健康状况欠佳，并且容易陷入抑郁，这很可能是他最终隐退的一个重要原因。他的健康问题持续了很多年，这段时间里他几乎没有进行创作。直到1857年，他才重新开始作曲。从那时起，直到1868年去世，他虽然创作了一些作品，但大部分都比较短——他将其命名为《晚年的罪孽》（*Peches de Vieillesse*）。此外，他还创作了一些宗教音乐。随着精神状况的好转，他似乎重新燃起了创作的欲望。

罗西尼和斯特拉文斯基都清楚地表现出强迫性人格所特有的一丝不苟和极端整洁。然而，他们都创作了很多作品，这是令人意想不到的，因为在对强迫性神经症进行研究之后，我们都很熟悉其对于创造性活动的抑制。很可能，桌子和专业工具的极度有序是秩序外在和可见的标志，这些作曲家希望在他们的作品中创造这种秩序。由此，他们的整洁不再是一种浪费时间的强迫行为，而是变成了一种"入场仪式"——一种为作曲带来帮助而不是阻碍的仪式。

在某些情况下，即使是限制强迫性人格者自由表达的那些规条，也可以成为对创作的一种激励。他们内心往往有一种反抗的愿望，想把自己从良知的束缚以及对精确的强迫冲动中解放出来。他们追求自我实现的动机在于希望获得新的自主权，摆脱清教徒式超我的唠叨和约束，甚至在某些情况下从被厌憎的身体本身的束缚中解脱出来。在剧作家易卜生的作品中，我们可以清楚地看到这些动机。顺便提一句，弗洛伊德对易卜生特别感兴趣，并写过一篇文章专门分析易卜生的戏剧《罗斯莫庄》（*Rosmersholm*）中的吕贝克（Rebecca）的性格。

易卜生几乎具备所有我们上面提到过的强迫性人格特征。在幼年时期，他就对服装非常挑剔，早上总是要花很长时间穿衣服。他宁愿退到树丛后面，也不愿意让过往的车辆弄脏自己的衣服。他工作的房间必须一尘不染，由此可以看出他对秩序和清洁的关注。他强迫性地不断重写自己的作品，一次又一次地销毁和涂改自己的手稿，所以他最终寄给出版商的稿件总是完美无缺的。他不能容忍不准时的行为，他自己也对时间安排过于焦虑，总是早早地到达车站，以防误了火车。在金钱方面，他也精打细算，一丝不苟地记录自己的收入，谨慎地投资，节俭地生活。在性方面，他极为克制，以至于他敏锐的传记作家迈克尔·梅耶（Michael Meyer）认为他在后半生是阳痿的。无论如何，他是如此害羞，即使在给他做检查的医生面前，也不愿意暴露自己的身体。他非常胆怯，任何一位精神分析学家都会得出结论，认为他有着对阉割的极度恐惧。他晚年对年轻女子的迷恋可以在他的戏剧作品，特别是《建筑师》（*The Master Builder*）中找到线索，这种迷恋是理想化的，不涉及性交；并且有充分的证据表明，他对身体特别是性行为是厌恶的。

我们完全有理由认为，易卜生对个人自由如此关注，既是因为他想摆脱社会的桎梏，也是因为他想解放自己的个性。因此，迈克尔·梅耶写道："评论家们仍然偶尔会把《玩偶之家》（*A Doll's House*）看成一部关于女权这个古老问题的戏剧……《玩偶之家》与妇女权利无关，就像莎士比亚的《理查二世》（*Richard II*）与君权无关，《群鬼》（*Ghosts*）与梅毒无关，《人民公敌》（*An Enemy of the People*）与公共卫生无关一样。它的主题是，每一个人都需要发现自己到底是什么样的人，并努力成为那样的人。易卜生了解弗洛伊德和荣格后来的主张，那就是解放只能来自内心……"在他的最后一部戏剧《当我们死而复醒时》（*When We Dead Awaken*）中，一对夫妇爬上山顶却死于雪崩，而另一对夫妇走下山坡却安然无恙。其中一对夫妇可视为生，另一对可视为死。"易卜生似乎在说，只要人们还居于肉体的囚笼之中，他们就已经死了，而只有当肉体死了，死去的人们才会苏醒。"在《布兰德》（*Brand*）中，易卜生描绘了一个为了僵化的规条而牺牲爱的人。在《约翰·盖勃吕尔·博克曼》（*John Gabriel Borkman*）中，他描绘了一个为了晋升而不是爱情而结婚的男人。在《建筑师》中，性被反复用尖塔来象征，而索尔尼斯（Solness）对年轻少女希尔达（Hilde）的爱更像空中楼阁，而不是一种真实的、实实在在的关系。我们或许的确应该感谢易卜生的克制，以及他并未在婚姻中获得个人的满足——如果他的性欲得到了充分的表达，那么他后来的作品一定会是另外一种风格。

关于斯特拉文斯基和罗西尼，有人认为，他们对外部秩序的极端热情是一种入场仪式，即一种外在可见的仪式，这反映了他们希望将艺术的秩序带入自己内心的想象世界。瓦格纳也有自己的入场仪式，但形式是迥然不同的。英国音乐评论家欧内斯特·纽曼（Ernest Newman）在瓦格纳的传记中写道："在他生命的最后几年，除非周围环绕着柔和的线条、颜色和气味，否则他就无法工作。他对触觉和视觉有着近乎病态的敏感。当他在写作中遇到困难时，他会抚摸柔软的窗帘或者桌布的褶皱，直到合适的情绪出现。不仅是面料，就连他周围事物的线条也必须是柔和的。他甚至不能忍受自己工作的房间里有书，也不能让自己看到窗外花园的小路——这些都过于明确地暗示着外部世界，让他无法全神贯注。"

瓦格纳对真丝和绸缎有着狂热的兴趣。他花费大笔金钱（通常是别人的钱）

为自己购置精致的绸缎睡衣、裤子、蕾丝衬衫等。事实上，根据维也纳一名女装裁缝的制衣清单，他被指控患有公开的异装癖，尽管这些服装可能是为情妇而不是自己定制的。欧内斯特·纽曼采纳了崇拜瓦格纳的早期传记作家阿什顿·埃利斯（Ashton Ellis）的说法。而另一位传记作家罗伯特·顾德曼 (Robert Gutman) 则无意为他矫饰，写到晚年的瓦格纳创作《帕西法尔》（*Parsifal*）的状态时，他这样描述瓦格纳："火焰不再燃烧，火花现在如此珍贵。而燃烧火焰的新鲜燃料必须更加丰富和稀有。他对真丝、绸缎、毛皮和香水的需求已经达到了恋物癖的地步。一种奇怪的冲动让他变得滑稽可笑。他的皮肤极其敏感，这或许可以解释他为什么喜欢丝绸围巾和内衣，但却很难解释他为什么身披缀着蝴蝶结、蕾丝、花朵、流苏和软毛的夹棉长袍穿过自己的房间。"

人们常常断言，创造性是双性恋的一种表达，这在大多数人身上可以看到。此外，异装癖和恋物癖有时也可能代表一种创造性，是一种滑稽的尝试，试图表达尚未完全升华的幼儿期性欲。无论如何，瓦格纳房间的整个奢华而精致的装饰本身就是一种仪式，其目的在于排除外部世界，使他能够完全专注于想象的内心世界，他的伟大作品正是从这个世界产生的。

因此，仪式活动对艺术家的作用，往往与它对强迫性神经症患者的作用完全相反。它的目的不是阻止意识表面之下情感的觉醒，而是让这些情感浮出水面。强迫性神经症患者排斥内心世界，艺术家则排斥外部世界，两者都可能通过相同的仪式来达到自己的目的。但是，神经症患者通常是违背自己的意愿，被迫进行仪式的，而艺术家则是心甘情愿地执行有助于创作的仪式。

尽管前面这句话基本上是正确的，但不幸的是，它把事情说得过于简单了——因为我们可以将神经症患者的强迫性仪式视为创造性活动的萌芽。即使是一心想要把厨房的每一粒灰尘都清除干净的家庭主妇，也在尽力从混乱中建立秩序。正如英国人类学家玛丽·道格拉斯（Mary Douglas）在她有趣的著作《洁净与危险》（*Purity and Danger*）中指出的那样，污秽的观念是相对的："在我们对污秽的观念中，我们能够发现自己使用的是一个无所不包的系统，它包括所有有序体系所摈弃的元素，所以这是一个相对的观念。鞋子本身不是肮脏的，然而把它放到餐桌上就是肮脏的；食物本身不是污秽的，但是把烹饪器具放在卧室中或者把食物溅到衣服上就是污秽的。"简而言之，如果我们不考虑污秽与细菌传播疾病之间的联系，那么污秽或许可以被定义为"不在正确位置的物质"。"这样一来，污秽就绝不是一个单独的孤立事件，有污秽的地方必然存在一个系统。污秽是事物系统排序和分类的副产物，因为排序的过程就是抛弃不当要素的过程。这种对污秽的观念直接把我们带入象征领域，并帮助我们建立一座通向更加明显的洁净的象征体系的桥梁。"不过，正如弗洛伊德所指出以及我们从给出的例子中看到的，强迫性仪式并不仅仅是排斥和拒绝。很多时候，这些仪式还包含一些表达他们所防御的冲动的元素，这意味着某种整合的尝试；也就是说，它们会同时表达两种对立的倾向。诚然，大部分神经症性的仪式都是徒劳的，并没有达到其目的。但这或许是因为这些仪式的执行是违背本人意愿的，并且这些仪式的意义通常也没有被意识到。断言像仪式这样广泛而有价值的行为方式一定是病态的，这未免过于轻率了。

事实上，如果没有仪式的另一种作用——提供一种手段，使本能的能量可以从一种功能转化为另一种功能——文明很可能永远不会出现。在《转化的象征》（*Symbols of Transformation*）中，荣格举例说明了澳大利亚华昌地（Wachandi）族原始部落所举行的仪式。"他们在地上挖出一个坑，修整其形状，用灌木装饰，使之看起来如同女性生殖器。接下来，他们便整夜绕坑而舞，同时用长矛在身前模仿勃起的阴茎。他们一边跳舞，一边用长矛往坑里戳，嘴里喊着：'Pulli nira, Pulli nira wataka!'（这不是坑，不是坑，而是阴户！）像这种意涉猥亵的舞蹈，在其他土著部落中也有发现。"这个仪式的作用是将一些可用的性能量转化为文化。在同一章，荣格指出："古代有把婚床置于田地中的风俗，认为这样可以使田地丰收。这种习俗再清楚不过地体现了二者的类比关系：我能使田地丰收，正如我使这女人怀孕生子一样。这一象征引导人的力比多贯注于开垦田地和促进丰产上。"

象征性、仪式性的活动可以被看作是主体的内在世界与外在世界之间的联系，是一座促进情感能量从一个世界向另一个世界转移的桥梁。并且，这种交流是双向的。谁又能否认，瓦格纳抚摸绸缎是对抚摸肉体的更原始的愿望的一种置换呢？这种恋物癖式的仪式，可以被看作介于身体的感官享受与其转化为音乐之间的中途之所，是原始驱力转化为艺术的不完全升华。但这种抚摸还有另一种作用，它帮助瓦格纳"接触"到自己情感和感官的内部世界。通过这个仪式，他可以将力比多从外部世界撤回，重新激活内心的感受。和神经症性的仪式一样，创作者的强迫性仪式既表达了攻击冲动和性冲动，又是对这些冲动的一种防御，因此也有着双重意义和作用。神经症性的仪式之所以被如此蔑称，是因为它们没有实际的价值和用途。如果这些仪式可以起到某种作用，那么就不会被称为"神经症性"的。

除我们所讨论的特征之外，强迫性人格还拥有一种特别发达的仪式化和创造象征的能力。这一部分是因为他们对身体的厌恶，一部分是因为弗洛伊德所说的"自我的过早发展"。在论文《强迫性神经症的倾向》（*The Disposition to Obsessional Neurosis*）中，弗洛伊德假设情感发展和认知发展或许不会同步进行。在后者超越前者的情况下，情感的不成熟可能会持续存在，并且与惊人的理智化、象征化和仪式化能力共存，而这些能力都需要成熟的自我，而不是混乱的本我。强迫者倾向于贬低情感并推崇理性就是此类发展所带来的一个后果，正如在精神分析治疗中运用"理智化"的防御机制来抵御情感的出现一样。弗洛伊德认为，强迫者仍然固着于前生殖期的发展阶段——肛门施虐期。在这个阶段，最初通过如厕训练的体验，孩子开始意识到，自己有能力"释放"或者坚持和保留，因此可以默认或者无视父母的意愿。他开始意识到埃里克森所说的"自主性"，发现自己可以从父母那里独立，不再像小时候那样几乎完全依赖他们。因此在这个阶段，孩子与他所爱之人的关系具有矛盾性，也就是说，爱与恨的感觉是交替或者并存的。显然，只有当他达到这个年龄可能拥有的最大限度的独立时，才能完全获得爱的能力。一个人不可能全心全意地去爱那些用权威来限制其自主性的人，而这是童年早期不可避免的情形。

因此，除对他人的爱之外，强迫者往往会怀有更多的恨，在这方面其与我们之前探讨的躁狂－抑郁人格比较相似。因此，他们特别需要升华，或者建立其他防御机制来抵御本能冲动，因为这些冲动很容易被认为是危险的敌意。他们对仪式和象征的偏爱，在很大程度上就源于此。

或许我们可以假设，强迫者经常产生各种性倒错的幻想，也可能是出于类似的原因。这些幻想本质上通常是施虐－受虐的，往往与性交本身没有直接的联系，因为它们起源于前生殖期阶段，在这个阶段，他们还不了解性交的真正含义，甚至无法对此进行想象。在这里，弗洛伊德有关自我过早发展的观点是有价值的。他写道："强迫性神经症的倾向可以被解释为自我的发展超过了力比多的发展，就使得客体选择被自我本能所支配，当时性本能还没有最终形成，因此就会留下前生殖期组织阶段的固着。" 换而言之，对一个早熟的孩子来说，其认知发展实际上反而会妨碍而不是促进其情感发展。对普通孩子来说仍然模糊不清的概念，可能会清晰而牢固地印在他的脑海里。如果我们再加上强迫症特有的对两性生殖器的厌恶，那么幼儿期的性幻想就会占据和保留其所有的情感投入，而对发展成熟的成人来说，这些情感投入与生殖器和性交有关。

这类幻想通常是高度仪式化的，这就是为什么它们与我们现在的讨论有关。非常常见的鞭笞幻想就属于这一类，在任何一家色情文学书店都可以看到。在这些幻想中，鞭打的动作被赋予了兴奋和情感，就像那些已经达到生殖期发展阶段的人所进行的性行为一样。通常情况下，为了"自然而然地"引入鞭打行为，人们会编造一些相当复杂的故事作为背景和借口。英国作家斯温伯恩（Swinburne）的小说《爱的逆流》（*Love's Cross-currents*）就是一个很好的例子。在他的诗歌，特别是《多乐斯》（*Dolores*）中，很容易看到这位诗人的施虐－受虐倾向。

在一篇有关法国色情文学作家萨德侯爵（Marquis de Sade）的非常有趣的文章中，美国人类学家杰弗里·戈勒（Geoffrey Gorer）提出，有些性倒错的例子可能发生在那些有创造力但缺乏表达其创造冲动的才能的人身上。他指出，喜欢施虐－受虐的嫖客经常要求妓女穿上服装，拿着道具，扮演一个相当复杂的角色。事实上，这种性行为可能是"一种特殊类型的戏剧表演，观众只有一个人"。此外，剧作家、演员和施虐狂有一个共同的愿望，就是控制观众或性伴侣的情绪。尽管戈勒先生并未提及，但这是强迫性神经症患者特有的控制欲的延伸。就萨德侯爵的情况而言，戈勒先生认为他"至少在部分意义上是一个施虐－受虐狂，因为即使竭尽全力，他都无法成为一名合格的悲剧作家或剧作家；并且作为通过艺术创作来满足愿望的替代，这类反常的性行为可能并非个例"。这是个很有意思的想法，与我独立思考后得出的结论不谋而合。戈勒先生认为，性倒错是创造性退化的替代品。而在我看来，它更像是未完全升华的幼儿期性欲，是介于原始冲动与艺术作品之间的中途之所。这种可能性将在后面的章节进一步探讨。

　　这就足以证明，仪式化和象征化存在于其他性倒错，特别是恋物癖和异装癖之中。正如弗洛伊德观察到的，在这种情况下，其对女性生殖器有一种特别的厌恶。精心设计的着装和触碰女性物品的仪式代替了性行为，或者作为必要的预备活动以引起足够的兴奋感，从而使性交不致让其产生厌恶。这些幻想是企图用一种象征性的活动来代替性行为的失败尝试。正如伯纳德·梅耶在康拉德的传记中所指出的那样，康拉德在小说中表现出对鞋子、头发和皮毛的迷恋，这是临床实践中常见的恋物癖。人们可以预期，具有强迫性人格的艺术家会表现出更强的象征和置换能力，因此这种特殊形式的恋物并不足为奇，因为他们所恋之物是象征性客体，其作用是作为身体某些部分的替代品。

　　色情文学本身就是一种枯燥、乏味、重复的文学形式。然而，人类能够用文字作为性刺激是一项了不起的壮举。有意思的是，在这种情况下，有人观察到，受教育程度与对直接接触以外的性刺激的反应能力之间存在关系。受教育程度低的人完全没有反应，受教育程度越高就越容易产生反应。在金赛对性犯罪者的研究中，研究小组报告称："虽然几乎所有人都接触过色情作品，但相当大比例的男性很少或根本没有从色情作品中获得性唤起。受教育程度低的人往往更加务实，需要一些更具体的事物才能产生反应。因此，一位社会经济水平较低、未受教育的男性可能会说：'为什么要因为一张图片兴奋呢？图片又不能让你做什么。'"当然，同样是这个群体，他们对文化追求最缺乏兴趣，也不太可能对艺术作品产生反应。

我们已经看到，创造性活动可能代表着强迫特质者试图超越自己的人格局限，甚至想要完全逃离肉体的一种尝试。某些形式的创造性显然与强迫者对秩序的渴望有关。对于不符合当前科学假设的事实，可能会像变形的图片、角落里的污垢或者掉在地板上的衣服一样引起他们的愤怒。这是有序框架之外的东西，因此对他们来说是失控的。正因如此，科学本身经常被称为一种强迫性的活动。因为在本质上，科学的进步依赖于用更有包纳性的新理论，来取代那些已被证明不足以涵盖所有事实的假设。爱因斯坦的引力理论比牛顿的理论更受欢迎，是因为它更好地解释了某些不符合牛顿假设的差异，特别是水星近日点运动的明显异常现象。

如果强迫者能够进行调查和创造，他可能就会把内心的敌意转移到解决问题上。一位科学家描述说，技术问题让他非常恼火，因此他觉得自己必须解决这些问题，以消除心中的怒火。"我要揍那个浑蛋"是他的口头禅。毫无疑问，他的敌意源于童年时期明显的被忽视，而这有助于他提升自己解决问题的能力。无独有偶，一位钢琴家把弹钢琴描述为消除自己敌意的重要方式。他"攻击"钢琴并掌握它，学会了在演奏中表达自己在人际关系中无法发挥的力量感。

我们已经看到，仪式并不仅仅是一种防御方式，也是一种转化本能冲动的方式，让它们以不那么直接和更容易被接受的方式表达出来。因此，仪式是一种惯例、一种标准化的控制方法。在这种方法中，冲动和本能被驯服，并允许象征性或者间接的表达。从日常生活中可以看到两个明显的例子。西方社会经常举行的"派对",其主要目的是为两性提供机会,让他们邂逅、确定被对方吸引、互相调情,但是人们并不需要因为这种性接触而跟对方谈婚论嫁。这是一次性展示的机会(因此人们在聚会上必定盛装打扮),也是让我们每个人都有的淫乱冲动得到部分表达的机会。然而,派对本身是一种仪式性的活动,有自己的社会规则,而这些规则的作用是遏制和控制它所表达的冲动。

另一个例子是比赛。比赛为竞争和攻击冲动的表达提供了机会,但由于仪式的因素,严格的"规则"可以确保这些冲动不会失控。不过提到比赛,我们就会想到一般意义上的游戏,而这正好是下一章的主题。

第九章

创造性与游戏

读到这里,细心的读者会发现,我们对创造动机的讨论已经从主要关注"精神病理"逐渐过渡到更加关注"正常人群"。我们已经看到,创造性可以表达未获满足者实现愿望的幻想,可以作为对抗分裂状态和抑郁状态的防御,可以反映对秩序和控制的强迫性需求。但是,尽管给罗尔夫、牛顿和舒曼等人贴上精神病学意义上的"病态"标签是合理的,但当我们考虑到像爱因斯坦和斯特拉文斯基这样对生活适应良好的人时,这样的诊断看起来似乎并不靠谱。不同寻常,并不等于不快乐或者不正常。精神分析经常被指责未能区分艺术和神经症症状,同样,它也总是无法将神经症症状或者病理性防御与积极的心理技术区分开来。这种积极的心理技术可以很好地为个体服务,将其主观世界和每个人都需要参与的外部世界联系起来。仪式就是一个很好的例子。称游戏为病态显然是荒谬可笑的,但是当弗洛伊德将游戏斥为幻想时,他的观点已经非常接近了。

在第二章,我们引用了弗洛伊德对作家的活动与儿童游戏活动的比较。"创造性作家的工作与儿童在游戏时的表现是一样的。他非常认真地创造了一个幻想世界——在其中倾注了大量的情感——同时他又严格地将其与现实世界区别开来。"弗洛伊德继续写道:"人们长大以后就停止了游戏,似乎他们要放弃那种从游戏中获得的快乐。"但是,没有人会真正放弃可以让他获得乐趣的东西,因此这种放弃只不过是掩人耳目而已。正如弗洛伊德所说,为了替代游戏,成人构建了幻想。在这种观点下，游戏和幻想都被贴上了逃避现实生活的负面标签。

　　弗洛伊德是一个相当严肃的人，尽管他欣赏犹太人的幽默，但他声称自己的人生观本质上是严肃的。事实上，人们游戏的时间比他们自己所承认的要多得多。尽管无论是人类还是动物，在成年后都会减少游戏的时间，但是他们仍然会把一部分时间留给游戏，并从中获得极大的乐趣。事实上，弗洛伊德本人一直在咖啡馆里下棋，直到他45岁——厄内斯特·琼斯告诉我们，在1901年之后他完全放弃了下棋。但是，某种形式的游戏（包括运动、竞技比赛和其他业余爱好），肯定是人类存在的重要组成部分，不能简单地将其视为逃避现实的一种方式。也许艺术和游戏都具有弗洛伊德尚未发现的作用——至少在他理论构想的早期阶段是这样。这一点并不令人惊讶。作为一个思想家，弗洛伊德最显著的特点之一就是，他总是把一切事物都简化到极致。他以一种近乎受虐的喜悦，从爱神厄洛斯（Eros）和死神塔纳托斯（Thanatos）的角度来解释人类的全部努力；也就是说，一切都源于性和攻击性。甚至连他所钟爱的犹太式幽默也是简单化的，因为这种幽默通常需要戳破浮夸的泡沫，发现无谓伤感背后的利己主义。我们不能简单地认为，游戏和创造性源于本能冲动，或者将它们归结为这种冲动。正是因此，弗洛伊德的观点虽然在很多方面都很有启发性，但最终还是无法让我们满意。

　　实际上，如果简单直接地认为艺术作品源于性或者自我保护的动机，那么对创造性的探究很快就会变得多余。因为本书的一个论点是，艺术在人类的世界中发挥着宝贵的作用，如果艺术仅仅被视为更原始的事物的替代品，我们就无法理解这个作用。如果我们接受弗洛伊德最初的论点，就不得不认为艺术在生物学意义上不具有适应性，是一种实际上不利于生存的活动。因为任何鼓励人们逃避现实，而不是参与、接受和驾驭现实的东西，在现实的紧要关头必定会对他们不利。与习惯于在现实生活中处理实际问题的实干家相比，那些整天做白日梦的人不太可能取得一些成果。如果所有的艺术都属于一种愿望的满足，并且和第二章讨论的那些作品一样没有什么重要的意义，那么一定会有很多让人放弃艺术的言论。

浪漫文学可能会强化一种情感扭曲的生活态度，从而影响人们对现实的适应。但是，艺术远远不止是愿望的满足。弗洛伊德最初的解释并不能令人满意，尤其是当我们考虑到那些艺术作品增进和深化了我们对现实的理解，而不是为我们提供了逃避现实的机会时。游戏也是如此，这也是我们在这里讨论它的原因。

把艺术和游戏看作相同的活动显然是错误的，但它们的确具有许多共同的特征。事实上，我们可以认为，艺术是游戏的衍生物，或者这两种活动有着同一个来源。这是弗洛伊德的观点，上文已经引用过。尽管弗洛伊德认为艺术和游戏都是对现实的逃避，但必须补充的是，他确实认识到孩子们在进行游戏时是郑重其事的。他写道："游戏的反面并不是严肃认真，而是实实在在。"

游戏和艺术的相似之处在于，至少从表面来看，这两种活动都缺乏与生理需要有关的强迫性。我们似乎不必为了生存而去游戏，而绘画、作曲或者雕刻也不可能是被迫的。尽管人们可以想象，或许存在一个人被另一个人强迫去创作的情况，但是总的来说，艺术是一种自愿的活动，并且在没有强迫的情况下创造力才最旺盛。游戏也同样如此。尽管有人可能会违背孩子的意愿，强迫他玩一个游戏，但这个游戏马上会变得索然无味。正如荷兰语言学家赫伊津哈（Huizinga）在《游戏的人》（*Homo Ludens*）中所写的那样："奉命的游戏不再是游戏：它最多是对游戏的被动模仿。单凭这种自主特征，游戏便从自然进程中挣脱出来。游戏更像是花饰、点缀、外衣，加在自然进程之外并覆盖了自然进程。"

如果我们可以接受游戏和艺术在本质上都是自愿的，那么这两种活动通常都是不带有私利的。虽然游戏可以转变为那些娴熟玩家的谋生方式，但是这并非他们的初衷。尽管创作或许能够获得丰厚的回报，但是正如我们在第三章看到的，艺术家进行创作的主要目的并不是获得经济利益。从某种意义上说，游戏和艺术作品都游离于日常生活之外，似乎并不能让欲望获得即刻的满足。认为一位小说家可以为了挣钱而言不由衷地写一部通俗的浪漫小说，这种想法肯定是错误的。

想要让人信服，这个故事必须真实地再现作者内心的幻想世界。如果不是这样，它就无法说服读者。并且，在精心设计的伪装的基础上，写小说所付出的巨大努力是很难持续下去的。当然，并不是所有创作者的作品都反映了他所能达到的最高水准。作曲家除了创作交响乐，也会创作电影或戏剧配乐。英国小说家格雷厄姆·格林（Graham Greene）在他所谓的"娱乐"作品和其他更为严肃的小说之间作出了明确的区分。但是，这些比较轻松的作品和更为深刻的创作一样，都真实地反映了创作者的情感和心理。舒伯特的舞曲和轻音乐虽然没有他的《A小调四重奏》（*D.804*）或《B小调交响曲》（*D.759*）那样深刻，但同样是真实的；它们都来自舒伯特的内心世界，而不是一种创作练习。尽管追求金钱可能是艺术家创作的一个强大刺激，但它仍然是次要的动力，是一种催化剂，而并非创作过程的要素之一。

尽管艺术和游戏都有自发性的必要元素，但两者也都与秩序和形式有关。有组织的游戏都有玩家必须遵守的规则，如果规则被打破，游戏就会遭到破坏。通过这种方式，游戏就成为一个有别于日常生活的微观世界，这个世界比我们习以为常的混乱世界有序得多。游戏展现出一种规范化的模式，每个玩家都了解自己的任务，明白自己应当如何行事。在游戏过程中，参与者确切地知道自己该做什么，这让他们感到愉悦。正如我们在第八章看到的，仪式会让人感到安心，这也是人类坚持举行仪式的原因之一。

艺术作品同样也关注秩序。虽然伟大的创作者经常喜欢打破规则，但总是必须存在规则，他们才可能去打破。一件毫无秩序或章法的艺术作品是不可想象的。达·芬奇建议画家们去观察那些年代久远的墙壁和色彩斑驳的石头，以激发他们的想象力；不过他内心十分清楚，真正重要的是艺术家如何利用他由此发现的图像。英国艺术史学家贡布里希（Gombrich）在《艺术与幻觉》（*Art and Illusion*）中清晰地表达了这一点。他告诉我们，在达·芬奇的《论绘画》（*Treatise on Painting*）中，有"与波提切利（Bottecelli）讨论艺术家对普遍性的需要和对所有包括在画中的事物结构的知识的需要的一段话，'我们的波提切利'主张这种研究没有必要,'因为只要将蘸满颜色的海绵往墙上一蹭就会留下一块色迹,人们在上面可以看到一幅漂亮的风景画',列奥纳多说,不错,在这样一种色迹中人们可以看到任何'他希望看到的东西',但它们尽管给了你创造力,却不会教你完成任何细部……列奥纳多得出结论说,'这个画家制作了最糟糕的风景'"。

甚至婴儿的游戏也显示出某种秩序的开始,因为它通常与重复有关。婴儿喜欢做的事情之一就是反复摆弄物品。球一遍又一遍地消失又重新出现,很快会让孩子开心地咯咯笑,因为他知道接下来会发生什么。细微的秩序已经进入他的世界,他高兴地认识到这一点。同样,在一段音乐中,主题的回归可能会给我们带来莫大的愉悦;当然,只有当我们对主题足够熟悉并且能够辨认的时候,才能体验到这种愉悦,特别是在主题的回归被推迟的情况下。作曲家常用的一个手法是明确地陈述一个主题,然后不断地重复这个主题,让它在听者的脑海中建立牢固的印象。然后,作曲家并不在可以预期的地方重复这个主题,而是继续拖延,并且通过改变原来的节奏、和声或者速度来增加预期的紧张度,让原有的模式几乎被打破。当最初的主题最终回归时,我们会因为秩序得以重建而感觉到如释重负。从美国音乐学家伦纳德·迈尔(Leonard Meyer)对贝多芬的《C 小调四重奏》(*Op. 131*)第五乐章的分析中,我们可以找到令人信服的例子。任何对这一乐章有所了解的人都会认识到,作曲家是如何通过节奏和旋律模式的碎片化来拒绝实现听者的期望,并逐步推迟这种期望的。迈尔写道:"但正在这个时候,当节奏、和声、织体(texture)甚至旋律在这种模式的意义上似乎都被毁坏时,乐章开始的那种小的音型,以及第一乐句引起了我们的希望,并且更改了我们对完整和返回的期待的方向。现在,关于什么将会来临,我们确定了。"

我们和婴儿玩的游戏与此有很多共同之处。一旦把球藏起来又让它出现的模式建立起来,成人就会玩一些变化,比如让球晚一点出现,增加紧张感。于是,当婴儿最后找到球的时候,就会感到双倍的轻松和快乐。

对于不同的艺术作品,形式和秩序在其中的表现方式各有不同。在视觉艺中，表现为空间的秩序。画面被包含和限制在一个框架内，而画面内的秩序就是各种视觉群体的空间关系，这些视觉群体与各种层次的色彩和色调相结合，构成了画面。而音乐中的结构主要取决于时间维度。音乐与单纯的噪声的区别在于，组成音乐的声音持续的时间足够长，因此耳朵可以把这些声音作为我们称为音符的独立实体记录下来。这些音符的持续时间，以及它们在主题中的结合，建立了紧张与消解的模式。正是这些模式在确定的时间框架内的相互关系构成了音乐。

在游戏中，空间和时间都在构成整体的结构中发挥着各自的作用。正如赫伊津哈所指出的那样，"游戏有别于日常生活，既在于发生的地点，也在于延续的时间"。他指出，游戏通常在为此目的而划出的特殊空间进行——在"竞技场、牌桌、魔环"。"我们顺带指出过，游戏似乎在很大程度上属于美学领域，也许原因就在于游戏和秩序之间关系密切。游戏趋向美。"

我们已经提到，弗洛伊德相信所有的生命现象都源于两类本能的相互作用："第一类是爱本能，它企图将越来越多的有生命的物质结合起来，形成一个更大的整体；第二类是死本能，它与上述企图相反，而是想使有生命的一切物质都退回到无机物状态。生命现象就是产生于这两类并存但又矛盾的本能行动中，直到被死亡带回终点。"生物学家（和许多精神分析学家）并不接受弗洛伊德有关死本能的概念，但是和弗洛伊德一样，他们都试图想要对行为进行理解，并且从原始驱力的角度对它进行解释。而艺术和游戏似乎是一种"额外的"行为，无法轻易地从自我保护或者物种保护的角度进行解释，这让他们觉得无比神秘。

生物学家提出了一种关于游戏的理论：游戏是释放多余能量的一种方式。身体的活力在活动和休息的交替循环中不断延续，当动物精力充沛时，我们可以认为游戏有助于释放这种能量，游戏之后的轻度疲劳可能有利于生理健康。而反对这一理论的理由主要有两方面。首先，动物可能会在已经气喘吁吁、筋疲力尽的时候再次开始游戏，这时它们显然并没有能量过剩。其次，如果能量必须得到释放，为什么不把它用到比游戏更有用的事情上呢？比如，小猫并不一定要玩游戏，它可以去抓老鼠。

因为游戏包括运动，所以它也包括探索。这样，游戏的动物可以获得有关它在游戏中所接触的环境的各种特征的信息流。但是，卡罗琳·洛伊佐斯（Caroline Loizos）在文章中指出，动物没有必要为了了解环境而游戏。为什么不能只对环境进行探索，而不进行游戏呢？并不是所有的动物都会游戏。洛伊佐斯告诉我们，老鼠似乎并不游戏，但它们却是不知疲倦的探险家。她写道："当然，在游戏过程中，动物不可避免地会更加了解它的游戏对象或者玩伴，但如果这是游戏的主要作用，那么人们一定会奇怪，为什么动物不使用一种更经济的方式来获取这些信息。"

另一种理论认为，游戏只是一种练习。动物在游戏中对技能的练习越多，当它在影响生存的重要时刻（比如捕捉猎物时）必须做出同样的动作时，就越有可能高效地完成这些动作。但是，并没有明显的理由说明为什么要在游戏中进行练习。即使不能收到更好的效果，严肃的练习也可以带来同样的效果。"很简单，没有必要为了练习而游戏：动物完全可以只进行练习。"此外，这一理论并不能真正解释成年期的游戏。正如我们之前所说的，无论是动物还是人类，在成年后都会继续进行游戏，因此游戏必定具有练习以外的作用。

在对动物进行观察的过程中，我们可以相当肯定地认为，我们能够区分"游戏"活动和"严肃"活动。但是，两者的区别体现在哪里呢？"游戏"活动有别于"严肃"活动的一个特点是，它是夸张的、不经济的。动物在游戏中采用的运动模式，可能也会在严肃的情境中采用，但改变了顺序、不够完整、不断重复或者有所夸张，因此这些模式失去了原有的作用。这也是许多人类游戏（比如模拟格斗游戏）的特点。正如洛伊佐斯所肯定的，在观察者看来，人类和动物的"游戏"有着一个基本的相似之处。"这种相似之处在于其所涉及的运动模式具有夸张和不经济的特点。无论其动机或最终结果如何，这就是所有游戏活动的共同之处，而且很可能是它们唯一的共同之处，因为游戏的起因和作用可能因物种而异。"

德斯蒙德·莫利斯（Desmond Morris）既是一位动物学家，又是一位艺术家——

这是罕见的。他的著作《艺术生物学》(The Biology of Art)全面回顾了艺术最初的起源,并收录了猿类经过诱导也可以绘画的证据。他毫不犹豫地将艺术和游戏归为一类。

为什么猿类,无论是幼年的还是成年的,都能全神贯注于绘画,以至于如我们所见,它们可能更喜欢绘画,而不是被喂食。如果被制止,它们就会发脾气。这个问题的答案很难找到。这与猿类特别是黑猩猩在"自我奖励活动"方面的巨大发展有关。与大多数动物的行为模式不同,这些行为是为自身而进行的,而不是为了达到某种基本的生物学目标。可以说,这些行为是"为了活动而活动"。它们通常发生在所有生存问题都得到控制,并且神经能量过剩因而需要发泄的动物身上。这种情况通常只发生在需要由父母照料的动物幼崽身上,或者需要由主人照料的圈养或家养动物身上。通常来说,游戏、好奇、自我表达、探究等行为,都属于自我奖励活动的范畴。

赫伊津哈专门写了关于人类游戏的书《游戏的人》,他将游戏定义为"在一定时空范围内进行的活动,有明显的秩序,遵循自愿接受的规则,在生活必需或者物质功利范围之外,游戏心态是欢天喜地、兴高采烈的,根据不同的场合或庄严或欢庆。伴随游戏活动的是兴奋感和紧张感,继而是开心和放松"。他毫不怀疑,先不论造型艺术,游戏与诗歌特别是与音乐是密切相关的:"诗歌本身就是一种游戏功能。它在心灵的游戏场里展开,有它自己的世界,即心灵创造的世界。"

赫伊津哈既不是生物学家,也不是精神分析师,他不会因为无法将游戏和艺术与基本的生物驱力联系起来而感到不安。他认为游戏是自成一体的,其最显著的特点是"能带来乐趣,这令一切分析、逻辑解释都束手无策……正因为游戏的存在,人类社会超越逻辑推理的天性才被不断证实。动物会玩游戏,因此它们必定不只是单纯的机械物体。我们会玩游戏，而且知道自己在玩游戏，因此我们必定不只是单纯的理性生物，因为游戏是无理性的"。

因此，赫伊津哈和莫利斯都同意把游戏视为一种"额外的"活动，动物和人类参与其中只是为了自己，或者为了获得"乐趣"。莫利斯认为游戏和艺术都是"自我奖励活动"，这种解释并不是真正意义上的解释，而是一种描述。如果接受这一描述，我们就不得不抛弃一个基本的生物学原理，即动物的行为要么是为了适应环境，要么是从适应环境的行为中衍生出来的。根据达尔文的自然选择理论，动物的行为最终必定是为了提高自身或者物种的生存机会。确实，大自然有时会把动物逼上穷途末路，让它们别无选择。正如洛伊佐斯所指出的，雄性大眼斑雉翅膀羽毛的过度发育就是一个例子。这些羽毛是在求偶期间用来吸引雌性的。翅膀羽毛最大的雄性也许确实更能吸引雌性繁衍后代，但它的羽毛过于庞大，以至于几乎不可能飞起来。在这种情况下，自我保护的利益与繁衍后代的利益是互相矛盾的，最有吸引力的雄雉是最无法躲避敌人的。艺术或者游戏似乎并不属于这种末路，因为它们对个体或物种都没有明显的不利之处。

但它们是否能带来好处呢？游戏或者与游戏有所关联的艺术，是否就像赫伊津哈和莫利斯所认为的那样，只是一种多余的活动呢？确实，赫伊津哈认为文化来自游戏，从而肯定了游戏的重要性。不过是否存在一种可能：游戏和艺术的意义并不仅限于适应和生存呢？艺术和游戏有一个共同点，就是它们都可以用来打发无聊的时间。奇怪的是，莫利斯在《艺术生物学》中并没有提到这一功能。但是，他在《人类动物园》(*The Human Zoo*)中对此进行了详细的阐述，在我看来，这使得他的"自我奖励活动"这一说法显得多余。因为他指出，人类和其他灵长类动物都需要持续的刺激，才能让神经系统保持最高效的运作。如果缺少周围环境的刺激，它们就会去寻找或者创造这种刺激。不过，并非所有的动物都是如此。

莫利斯把动物分为两类：专食动物和杂食动物。那些依赖单一生存方式的物种，只要它们的特殊需求得到满足，就可以接受一种慵懒的、缺少刺激的生活方式。"譬如，关在笼子里的老鹰可以活40年，它甚至都懒得啄一啄自己的爪子。当然有一个条件，它们每天都能啄食刚被杀死的兔子。"而杂食动物是机会主义者，它们并不依赖单一的食物生存。它们的神经系统必须时刻处于戒备状态，这样才不会错过任何新的机会。正因如此，它们被困时很容易感觉无聊，需要不断的外部刺激，并且完全无法忍受自己因为被困而动弹不得。因此，一些被关在笼子里的动物才会显得烦躁不安，不断地做出重复的行为——它们不停地来回踱步，甚至可能在寻找刺激的过程中自我毁灭。

人类是典型的机会主义动物。至少，我们所沉迷的一些"额外的"活动（意思是指与繁殖或者生存并不直接相关）是适应性的，因为这些活动为神经系统提供了额外的刺激输入，从而使人类保持警觉和避免厌倦。在火车上玩填字游戏可以让我们在旅途中保持清醒——而无论是游戏还是艺术，都可以提供令人兴奋的新刺激，让我们保持警觉并且兴趣盎然。在一天24小时的大部分时间里，猫咪都能心满意足地安睡——无论多么想要模仿它们，我们都不可能做到这一点。人类总是无休止地渴望着新鲜的输入，以使自己的大脑功能处于最佳状态，而这种渴望产生了"神圣的缺憾"（divine discontent），让我们从事游戏和艺术。莫利斯毫不怀疑，这就是对人类创造性的解释。"在人类动物园里，创新原理登峰造极，令人瞩目。我已经指出，寻求刺激的生存替代活动早晚会显得毫无意义，因为可供选择的范围有限，于是幻灭感就会产生。为了避免这样的局限，人们追求越来越复杂的表达形式，这些形式如此引人入胜，使人获得极高层次的体验，给人无穷无尽的报偿。在这里，我们从解闷的消遣进入了令人兴奋的世界，这就是美术、哲学和纯科学的世界。这些活动是无价之宝，不仅能有效地抗衡刺激不足的缺陷，而且能够最大限度地开发人类最令人惊叹的物理器官——发达的大脑。"

无论如何，对灵长类动物来说，还有两个因素与我们的主题密切相关，并且在生物学意义上也可以被认为是适应性的。一个因素是游戏主要是一种社会活动，可以把年幼的动物聚在一起，这可能是它们实现成熟的社会性发展的必要条件。

另一个因素是游戏的仪式化。即使是动物之间的游戏也是仪式化的。在游戏中，那些原本在其他环境被"严肃地"使用、具有生物学意义的运动模式，却以不完整、夸张或"假装"的形式使用。例如，逃跑和战斗模式就经常以这种方式使用。在进化上游戏所使用的运动模式早于游戏本身。对生存而言，攻击和性行为模式显然比游戏更重要，但是在生存暂时不是一个紧迫问题的环境中，游戏利用了这些模式。

这种行为的运动模式从一种环境到另一种环境的转移并不局限于游戏。性的动作模式在与性无关的情境中被使用，以表示支配和服从。呈现（presentation）是一种雌性动物邀请雄性动物进行性交的动作模式，其特点是靠近雄性，将身体的后半部分转向它，并转头向后看它。但是，雌雄两性都会用"呈现"来解除攻击性，向更有统治地位的动物表示服从。同样，雄性展示生殖器的模式也常常被用作威胁或者警告。在游戏中，黑猩猩经常摆出一种被称为"游戏脸"（play-face）的特殊表情。这种游戏脸和"呈现"一样，可以被更具优势地位的雄性黑猩猩用来解除攻击性，这样较弱势的雄性黑猩猩就可以接近它，而不必担心受到攻击。

显然，游戏和仪式化的行为有着许多共同的特征。在高水平的游戏中，都可以看到以规则、固定的行为模式和特殊的时空限制这些形式出现的仪式。只要想一想一场网球比赛有设置的规定、行为规范、程序规则、服装惯例等，就会明白这样的比赛是一种高度仪式化的表演。在动物身上，仪式化的行为显然是适应性的。对许多物种（例如群居昆虫）来说，整个群体的利益与个体的利益之间几乎没有冲突。但是，对包括人类在内的灵长类动物来说，小群体的利益和大群体的利益往往是互相矛盾的。争夺食物和配偶的竞争是激烈的，为了防止攻击性失控，必须通过"规则"加以调节。如果没有这样的规则，最具统治力的个体就会成为独裁者。其结果是，尽管其个人欲望可以立即得到满足，但它的竞争对手却会全部被杀死，整个群体也会瓦解或者消失。防止这种情况发生的一种方法是采用领土公约，这样大家就可以争夺一块土地，而不是直接争夺食物。领土的作用是将整个群体分散到可用的领域，这样每个个体都拥有一个区域，可以在不受干扰的情况下获得食物和养家糊口。许多灵长类动物共有的另一种适应性手段是形成统治等级制度，在这种制度下，由最强大的雄性组成的寡头政治确保了群体内的和平与秩序。这些雄性对食物和雌性享有优先权力，但需要对群体内部的争斗进行干预和制止，从而保证群体的凝聚力和生存。被关在动物园里的灵长类动物群体只有在雄性和雌性比例严重失衡的情况下，才会发生你死我活的血腥争斗。

许多物种中雄性动物之间发生的争斗，特别是在繁殖季节发生的争斗，都是高度仪式化的。其结果是，虽然战胜者明显确立了统治权，但是战败者不会被消灭。毫无疑问，仪式的适应性让竞争成为一种比赛，而不是致命的战斗。如果战败者不被消灭，那么这个物种就更有可能生存下去。

因此，仪式的目的在于对原始冲动，特别是攻击性冲动进行驯化或改造，让这些冲动可以继续找到表达的出口，不会给群体中的其他成员带来实质性的伤害。这就保证了冲动本身不会被压抑或者削弱，当在现实中遇到危险的情况时，个体就可以利用攻击或者逃跑模式来克服危险或者躲避它。不过在群体内部，尽管存在竞争，但必须是"遵照规则"的竞争，也就是仪式化的竞争或者游戏中的竞争。

游戏的一个生物学功能，很有可能是教会动物幼崽如何将原始的攻击冲动仪式化，使它们能够融入社会群体，同时保留它们在现实中进行激烈战斗的能力。如果年幼的灵长类动物要学习交配行为，这种游戏中攻击性的仪式化很可能是必不可少的。为了获得满意的交配，它有必要学会将敌对的行为模式仪式化或者加以抑制，而很少有机会进行游戏的动物却无法做到这一点。如果可以证明（我相信可以），游戏这种表面上多余的、"额外的"活动实际上发挥着重要的作用，那么就不难把这个概念推广到艺术中，因为我们已经看到，两者有许多共同的特征。据我所知，认为艺术具有生物学意义上的适应性，或者至少是从最初具有适应性的活动中衍生出来的这种观点，之前还没有人提出过（至少是按照我所使用的术语）。因此，对那些不习惯用这些术语思考的人来说，这个观点可能会有些陌生。不过，游戏的适应作用是十分显而易见的，下一章我们会对这个主题进行进一步的探讨。

第十章

游戏与社会发展

美国心理学家哈洛（Harlow）夫妇对恒河猴的实验结果表明，灵长类动物幼崽的游戏具有适应性，而不仅仅是一种多余的活动。正如我们在上一章指出的那样，在具有高度攻击性和竞争性的动物中，必须找到方法来调整群体内攻击性的强度，以避免群体在不受控制的冲突中自我毁灭。哈洛描述了猴子为达到这一目的而发展出的一系列"情感系统"。"如果在攻击性完全成熟之前，通过正常的母婴关系和同伴关系，对社会群体成员的情感已经发展起来，那么以后对群体内成员的攻击性表达就会大大减少，并且可以把攻击性的全部力量转向抵抗外敌和捕食者，而不是群体内的同伴。如果在攻击性完全成熟之前，未能发展出对群体成员的情感，其就会脱离正轨，违背规则，被社会所抛弃。"这些情感系统包括"母亲-婴儿情感系统、与之密切相关和互补的婴儿-母亲情感系统、同伴情感系统、异性恋情感系统和父系情感系统"。这项研究的目的是分析各个情感系统对未来发展的相对重要性，在这项研究中，哈洛夫妇在不同的剥夺条件下养育了幼猴。这些幼猴，有的在完全隔离的条件下长大，有的有替代母猴，有的可以正常接触母猴但不能接触其他幼猴，还有的可以同时正常接触母猴和其他幼猴。或许对于精神分析学家而言，这项研究最有趣且最意想不到的结果是，他们发现"同伴情感系统"——幼猴与同伴的互动——在决定其未来成功交配以及成为合格母亲（如果是雌性）的能力方面，比母婴关系更重要。当然，幼猴主要是通过游戏来学习如何与同伴进行互动的。

正常的母婴关系满足了恒河猴幼崽基本的生理需求，为它们提供了食物和温暖，也满足了舒适感和进行亲密的身体接触的基本心理需求；同时，也可以保护发育中的幼崽避开外界环境的危险。从母亲那里获得了基本需求的足够的满足之后，婴儿会逐渐想要脱离母亲，独立探索环境；尽管总是会附带一个条件，就是如果遇到可怕或者危险的事物，它可以跑回母亲那里寻求支持和安慰。在这第二个阶段，母亲会鼓励幼崽的分离，温和地惩罚它，如果幼崽黏得太紧，就把它推开。

如果正常的发展进程得以继续的话，幼猴会兴致盎然地对环境的一部分——同伴进行探索。哈洛将游戏划分为三个阶段，将其命名为"打闹游戏阶段、接近-退缩/无接触游戏阶段和攻击性游戏阶段"。打闹游戏是指"激烈的摔跤、打滚和假咬，这些动作基本上不会带来身体不适。无接触游戏以两个或两个以上动物之间的来回追逐为特点，彼此间实际的身体接触保持在最低限度"。而攻击性游戏出现在后期，即大约1岁末的时候，伴随着更猛烈的啃咬和更粗暴的互动。受伤的情况很少出现，但这类游戏足以让幼猴知道同伴中谁比自己更强壮，谁比自己更弱小。"我们认为，攻击性游戏对社会发展具有重要的积极意义，在这类游戏中，猴子可以通过早期的经验来体验、测试和接受它们在青春期和成年期将占据的社会地位，而这种地位是有差异性的、不断变化的。"

游戏也进一步促进了成年期性互动的发展。性交所特有的抽送，往往作为接触温暖、柔软表面之后的反射反应，发生在雄性或雌性身上。因此，它们首先与母亲的身体有关。很快，雄性威胁、追随的姿势和雌性被动、僵硬的姿势开始发展起来。哈洛认为，如果要在成年后圆满地完成交配，雄性和雌性都必须学会接受与同伴的身体接触。

他还认为，游戏可以改变攻击性反应，这种反应从2岁开始成熟。如果攻击行为没有这样的改变，正常的异性恋行为就无法发展。

在正常情况下，幼猴在出生后的第一个月里会对母亲产生强烈而深刻的依恋。

对环境中陌生物体的恐惧并非与生俱来，而是在出生后60—90天形成的。对刚刚开始探索环境的婴儿来说，对陌生事物的恐惧很有可能是一种适应性的反应，因为在不熟悉的事物面前，过于大胆可能会招致危险。当婴儿仍然完全处于母亲的保护之下时，这种恐惧是不必要的。有趣的是，如果婴儿从一开始就有机会跟同伴交往，其他猴子就不会被认为是能够带来恐惧的陌生事物。实际上，同一社会群体的成员会像母亲一样，给予幼猴安全感和归属感。

如果之前得到了正常的、令人满意的照料，人类婴儿通常会在出生后七八个月表现出对环境中陌生人的恐惧。但是，正如鲍尔比（Bowlby）在《依恋三部曲》（*Attachment and Loss*）中所详尽论证的，要确定人类婴儿对陌生人的恐惧或者害怕与母亲分离的发展的规律模式，绝不是一件容易的事。被忽视的婴儿早在出生后第六至第八周就表现得不喜欢独处；出乎意料的是，接受了母亲太多照顾的婴儿也会如此，这是因为他们需要从照料者那里得到持续不断的刺激。

在恒河猴幼崽1岁多之后，攻击性反应和行为才开始在它的行为中发挥重要作用。而对人类儿童而言，同伴之间的攻击性在两三周岁时才具有重要的社会意义。在这之前，作为一种挫折反应，对母亲的攻击很可能在婴儿出生后6个月时加剧。克莱因学派的分析师认为，婴儿体内从一开始就存在着强烈的破坏性情绪，这是"死本能"向外的偏转（deflection）。无论如何，哈洛的说法很可能是正确的："在所有的灵长类动物、哺乳动物和许多或大多数脊椎动物中，都存在着情感的有序发展，无论这种发展采取何种恐惧和攻击的具体形式。"在猴子身上，这种秩序可以通过实验被打乱。

即使无法解决为什么爱或者恨是人类之间的主要关系这个问题，哈洛的观点也可以让我们从中获得一些启示。在我们已经引用过的一篇论文中，弗洛伊德写道："如果我们认为，强迫性神经症患者必须发展出一种超级道德，以保护他们的客体之爱不受潜伏在其后的敌意的侵害，那么我们将倾向于把这种自我发展的一定程度的早熟看作是人性的典型特征，并且从发展的顺序中恨是爱的先驱这一事实中领悟出道德的起源。这也许就是斯特克尔（Stekel）的一句断言的含义，当时我觉得这是不可理解的，其大意是恨而不是爱，才是人与人之间的主要情感关系。"

群体选择理论的提出者瓦恩－爱德华兹(Wynne-Edwards)也含蓄地支持了这一令人沮丧的结论。在《涉及社会行为的动物分布》（*Animal Dispersion in Relation to Social Behavior*）这本著作中，他认为所有高等动物都必须进化出具有通用规则和手段的社会，以避免物种内部的破坏。在他看来，社会本身就是一个组织，其主要功能是提供常规的（或者我们可以转述为仪式化的）竞争，因此也是一种防御，用以抵制可能会毁灭整个物种的个体之间的原始敌意。

真相可能并没有这么简单。如果哈洛是正确的，那么能够对同伴之间的攻击和竞争——这无疑是灵长类动物（包括人类）必要的适应机制——进行修正的，不仅仅是仪式和惯例，还有婴儿早期令人满意的母婴关系和与同伴的互动，并且这些"爱的关系"是在攻击性充分发展之前形成的。在哈洛的实验中，我们可以看到，当幼猴在完全隔离的环境中长大，它与其他猴子建立友好关系的自然天性被压抑或者禁止时将会发生什么。

如果恒河猴幼猴在出生时就与母亲分离，并在无法与母亲或其他猴子进行身体接触的笼子里长大，那么当它们最终被允许跟其他猴子待在一起时，就会明显地表现出对其他猴子的恐惧。并且可以看到，它们对照料它们的实验人员以及对自己身体的攻击行为也会增加。被隔离的它们会咬自己的四肢，也会咬观察者的手套。无论是母爱还是与同伴的接触，都无法冲淡和改变它们的恐惧和攻击性。

非常有趣又出人意料的是，正如我们之前提到的，那些与母亲分开但与其他同伴混养的幼猴却发育得相当正常。同伴交往可以在很大程度上对母爱剥夺进行弥补。但如果在幼猴出生后的头 7 个月里，只让它和母亲待在一起，随后才允许它与同伴接触，它就不会正常地玩耍了。再好的母亲养育，也无法弥补与同伴玩耍的剥夺。

在这种"部分社会隔离"的条件下，幼猴被养在笼子里，它们可以看到但不能接触其他猴子。如果这种隔离持续到幼猴出生 6 个月以后，就会带来严重的后果。在这种环境下长大的大多数猴子无法进行交配。如果用人工方式让母猴怀孕，它们会无法履行作为母亲的职责，会忽视自己的后代或者对后代有攻击性。很有可能，"殴打"自己孩子的人类母亲也存在同样的问题，她们无法形成正常的情感反应。

哈洛还在完全隔离的环境中饲养猴子，它们被放在一个不锈钢的密闭空间里，看不到其他猴子，更不用说触摸它们了。6 个月之后，当这些猴子被放出来和其他猴子待在一起时，它们都被吓坏了。它们不仅无法跟其他猴子一起玩耍，并且在面对攻击时非常无助，无法保护自己——如果实验人员没有把它们移走，它们可能已经被杀死了。这是仅有的几只甚至都不会和自己玩耍的猴子，无论是通过自体性欲（auto-erotically）式的行为还是其他方式。如果这种完全的隔离不是在猴子出生后前 6 个月，而是在出生后 6 个月到 1 岁之间进行的，那么这些猴子非但不会无助，反而会过于具有攻击性。这是因为它们有机会产生恐惧反应（三种重要反应中的第二种），但是还没有机会通过情感依恋来修正其攻击性。另一个结果是，这样的隔离会让猴子在进入青春期之后违反不攻击弱小者的正常准则（人类也有这样的准则）。有时候，这些猴子会攻击陌生的成年动物，从而危及自己的生命，而正常社会化的猴子不会犯下这样的错误。

一旦幼猴从母亲那里获得了足够的安全感，能够独立探索世界，就需要与同伴进行互动。这种互动具有极为重要的意义，对此我们已经进行了充分的讨论。幼猴之间的这种互动大部分都是以游戏的形式进行的。人类是否也同样如此呢？

我们无法像哈洛对待猴子们那样把人类婴儿完全隔离起来，并且如果我们这样做的话，人类婴儿将无法生存。但我们知道，在孤儿院长大的儿童几乎没有机会与稳定的母亲替代者发展亲密的情感关系，他们"冷淡孤僻，只能建立最肤浅的人际关系"。这些孩子就像被部分隔离的猴子一样，他们的各种攻击行为都会显著增加，包括发脾气、说谎、盗窃、破坏财物、踢打其他孩子。①

面对成人的神经症问题时，人们越来越倾向于得出这样的结论：在童年早期被隔离和无法与同伴交往，是成年期陷入困境的重要因素。一个孩子是否会成为"替罪羊"或者"害群之马"（在此使用哈洛的措辞），可能部分是由遗传因素决定的，也可能像猴子一样取决于这种剥夺出现在哪个阶段。有些成年神经症患者的主要特点是对他人感到恐惧，他们会过度顺从、忍气吞声、心情低落或者歇斯底里。还有一些人则过于争强好胜，喜欢发号施令，敏感暴躁，想要掌控一切。有些人则二者兼而有之，通常情况下比较顺从，突然又会抵抗（虫子被踩了也会翻个身），当他们表现出攻击性的时候，会毫无节制地使用暴力。无论是哪种情形，我们都可以看到，他们并没有学会如何恰当地处理自己的攻击性。他们并不了解原本应该在与同伴的游戏中学会正确的处理方式——这些游戏可以教会他们什么时候应该果敢，什么时候应该屈服，什么时候会获胜，什么时候会输。

同样，在成长的过程中，被隔离的孩子对性几乎一无所知。由于缺乏与同龄人的游戏，他们关于自己和异性的知识非常匮乏。如果让孩子们自己在一起玩，他们会互相探索对方的生理构造，玩一些模仿成人性行为的游戏。他们也会探索自己的生理构造，发现抚摸自己的生殖器可以获得快感。分析师们认为，从来没有自慰过、回忆不起来童年时是否碰触过生殖器的孩子，成年后在性方面会受到严重的抑制，也不太可能建立满意的性关系。许多孩子会对自己的性冲动产生负罪感，而这种负罪感会在青春期带来无尽的痛苦和折磨，这往往是隔离造成的。他们会觉得只有自己跟别人格格不入，只有自己有这样的欲望，只有自己是罪恶的，而如果他们与同伴有更多的接触，就会意识到这些欲望是完全正常的。

因此可以得出结论，对灵长类动物幼崽来说，游戏是一种适应性活动。通过游戏，幼崽可以认识到自己在等级制度中的位置，并且学会运用自己的攻击性，

---

① 保罗·马森（Paul Mussen）、约翰·康格（John Conger）、杰罗姆·凯根（Jerome Kagan）：《儿童发展与人格导读》（*Readings in Child Development and Personality*）。

在必要的时候为自己挺身而出，并且明白什么时候撤退或者屈服是更有策略的做法。它还能学会容忍自己与同性和异性的身体接触，并且从事作为成人性活动前兆的身体活动。因为游戏在很大程度上是仪式化的，所以它提供了一个机会让孩子学习如何在社会环境中表达攻击和性的行为模式，按照这样的方式，实际的战斗和性交不会发生，但冲动得到了部分表达，并且也可以看到同伴表现出类似的行为模式。

对人类幼儿而言，游戏也同样具有适应性。实际上，儿童遭受情绪困扰的最早迹象之一，就是无法与同伴交往和玩耍。相比之下，精神科医生认为，如果一个孩子有很多与他同龄的朋友，可以跟他们一起愉快地玩耍，那么即使父母经常责备他，他也不太可能有严重的情绪问题。神经症患者的一个常见特征是，他们往往能够与比自己年长或年幼得多的人建立良好的关系，但无法与同龄人交往。

因此，和恒河猴幼崽一样，游戏对人类幼儿同样具有重要的意义，并且人类的游戏表现出许多仪式化的特点，具有前面所提及的相同作用。儿童玩的大多数游戏都是仪式化的竞赛，他们从中学会了坚持自己的主张和竞争，同时也学会了根据禁止伤害对手的规则来减缓自己的暴力。过去教师们常说，游戏是培养性格的理想场所。他们认为，游戏可以让男孩学会做一个"好的失败者"，学会做一个优秀的赢家，不会在手下败将面前扬扬得意。在游戏中，他们学会了接受轻微的伤害而不抱怨，学会了和另一个人进行激烈的对抗而不造成严重的伤害。例如在足球运动中，以抢断的形式出现的仪式化的进攻是被允许的，但对拳打脚踢而导致受伤则是严格禁止的。

在西方社会，性游戏还没有像攻击性游戏那样得到同等程度的鼓励和认可，尽管从"宽容社会"的一些文学作品来看，它们很快就会得到这样的鼓励和认可。在其他社会中，情况并非如此。例如，精通波利尼西亚语的人类学家罗伯特·萨格斯（Robert Suggs）对马克萨斯人的性习俗进行了详尽的研究。从出生期开始，马克萨斯的儿童就有大量的机会观察成人的性关系。男孩大概从3岁开始手淫，七八岁时他们就会组队参加手淫比赛。女性的自慰要隐蔽得多，但却经常被男性提及，毫无疑问，无论是否有工具的帮助，这种情形都非常频繁。萨格斯在《马克萨斯人的性行为》（*Marquesan Sexual Behavior*）中写道："在大约7岁时，会出现其他形式的异性间群体性活动。男孩和女孩在玩'爸爸和妈妈'的游戏时，经常会短暂地接触对方的生殖器。女孩靠着树站立，或者仰卧在地上，男孩则模仿性交的姿势。他们的接触很短暂，偶尔会有骨盆的运动，而这会让更多人发笑。"从这段叙述来看，这种模拟性交无疑具有游戏的特点。

和我们相比，马克萨斯人似乎更包容，也更享受性。作为异性恋关系的替代品，同性恋是完全被容忍的，但是固定的同性恋者却寥寥无几。大多数女孩在青春期之前就开始与异性交往，此后，她们基本上都可以迅速地达到性高潮。除了老年男性，阳痿也比较少见。总的来说，他们似乎并不存在那些在我们的文化中频繁发生的性问题，而是可以坦然地、毫无内疚感地享受性所带来的愉悦，这或许会让我们感到嫉妒。毫无疑问，这种对性的欣然接纳与对童年性欲的宽容有关，更具体地说，与儿童之间互相分享不断发展的性经验并且玩带有性内容的游戏有关。

因此，如果儿童并没有受到喜欢说教的成人的干扰，游戏就可以为成年期的性行为做好准备，并让他意识到自身和他人性感受的重要性。就像对攻击性感受的处理一样，如果儿童在这方面拥有一些经验，那么到了成年期，他可能更容易恰当地处理和表达自己的性感受。

在人类的成年期，游戏继续发挥着类似的作用。很明显，和儿童的游戏一样，大多数成人玩的游戏都是仪式化的竞赛。这些竞赛，比如足球、国际象棋等，都为竞争性和攻击性感受的表达提供了机会，同时又不会给参与者带来太大的伤害——尽管足球运动在观众和球迷中激发了极大的热情，有时会发生危险的碰撞（特别是在南美）。近年来，尤其是在美国，体育运动似乎变得更加暴力，有些运动呈现的场面似乎是在迎合观众残忍的兴趣，就像古罗马的角斗士比赛让民众着迷一样。但是，即使受伤确实会发生，我们仍然可以说，这些比赛更多的是仪式化的。即使是最为暴力的比赛也有一些规则，美式橄榄球运动员也受到这些规则的保护，就像受到头盔和护具的保护一样。

同样，正如我们之前提到的，"派对"的仪式提供了性展示的机会，又不会带来太多认真投入的风险，因此也可以被视为一种"游戏"活动。派对上笑语喧哗、人头攒动，人们基本上没有机会深入地了解对方或者进行严肃的谈话。然而，派对又确实让人们有机会展示自己的魅力，逢场作戏、互相调情。人们之所以如此期待派对，是因为他们发现这样的会面增强了其自信。

一个人如果在童年期没有太多机会和其他孩子进行攻击性交流，那么他成年后可能会在不必要的顺从与过度自信之间摇摆。同样，那些很少有机会表达或者分享性感受的人，成年后往往会在压抑性与高估其价值到愚昧的地步之间交替。那些在处理自己的性问题方面缺乏经验的人，可能以一种毁灭性的方式"坠入爱河"——他们会用孤注一掷的方式对待整个爱情问题。

难道是因为在文明条件下人类表达性和攻击性的机会太少，成人和孩子才会玩游戏？这可能部分地符合真相，但如果直截了当地做出这样的论断，就未免过于草率了。

这样的观点与弗洛伊德的想法非常吻合，他认为文明本质上是造成缺憾的根源，因此人类被迫将目光投向现实之外，寻找表达性和攻击性的机会。因此，孩子转向了游戏，而成人则转向了幻想及其衍生物——艺术；或者说，即使已经长大成人，他们仍然继续玩着孩提时代的游戏。这一观点并未对游戏的适应性作用做出公允的评价，同样，它也低估了艺术的适应性作用，正如我们在《作为愿望满足的创造性》这一章的结尾所指出的，艺术可能会增强我们对现实的把握，而不仅仅是提供一种逃避现实的选择。

第十一章

艺术具有适应性吗？

在前两章，我们对艺术和游戏进行了一些比较。乍看之下，这两种活动似乎都与生活中"严肃"的事务无关。两者都与利益无关，似乎也不像狩猎或者交配那样，与生物需求的即刻满足有直接的关系。艺术和游戏都与规则和仪式有关，因此它们都为原本混乱的事物强加了某种秩序。此外，游戏和创造性都具有适应性，因为它提供了额外的输入来刺激神经系统，让神经系统保持警觉。对依赖灵活性和快速感知能力而生存的动物（包括人类）来说，始终保持警觉的神经系统显然是有价值的，因为在唤醒状态下，这个系统会更有效地运作。此外，我还认为，至少对灵长类动物幼崽来说，游戏是具有适应性的，因为它提供了对攻击性和性冲动进行学习、驯化和仪式化的环境，让个体可以保留自己的攻击性和性潜能，同时又能以不扰乱社会群体的方式对其原始冲动进行修正。

艺术是否像灵长类动物幼崽的游戏那样具有适应性，目前还没有定论。我们已经看到，在某些例子中，创造性的追求可以看作是对现实生活的一种逃避；并且我们也已经详细讨论了一些创造性被用作防御的例子，它成为原始驱力的一种升华，或者是避免某种精神病理状态（例如抑郁或分裂）的方式。然而，在第二章的结尾我们提到，人类的想象力并不总是会因为"精神病理"而迸发生机，而艺术也未必就是一种逃避或者宣泄。我们引用了莱昂内尔·特里林的观点："艺术中的幻想是为了与现实建立更紧密、更真实的关系。"而在本章我们将进一步讨论,为何艺术既能让我们接触现实,又能增强我们对现实的把握。

我们的祖先坚信艺术是具有价值的。赫伊津哈在《游戏的人》中写道:"根据中国古代的民间传说,音乐、舞蹈的功能是让世界在正确的轨道上运行,让造化向着有益于人的方向前进。一年的风调雨顺、国泰民安完全依赖于节庆活动中恰如其分的神圣竞技。他们认为,如果没有这些庆典,庄稼就不会成熟。"

当荣格访问新墨西哥州的普韦布洛(Pueblo)印第安人部落时,他非常兴奋地发现,他们每天都要举行一种帮助太阳升起的宗教仪式。正如一位印第安人告诉他的:"我们毕竟是居住在世界屋脊上的民族,我们是太阳的儿子,依靠我们的宗教,我们每天帮助父亲走过天空。我们这样做,不仅是为了我们自己的幸福,也是为了整个世界的利益。如果我们停止宗教仪式,不出10年,太阳就不再升起。那个时候,等待着所有人的就是茫茫黑夜了。"

荣格继续写道:"这一刻,我终于懂得了每个印第安人的'尊严',以及他们的神态为什么会那么安然镇静。原因就在于,他们认为自己拥有太阳之子的身份。他们的生命意义上升到了整个宇宙层面,因为他们协助天父及一切生命的保护者每天升起又落下。"

这是一种群体性的参与(进入剧场时,观众参与到整体的表演中并即兴发挥)。在印第安人的这个仪式里,表演者参与到自然现象中,感觉自己实际上是在帮助这种现象发生。在第八章,我阐明了仪式可以成为主体内心世界和外部世界之间的桥梁。我们也观察到,仪式将某种秩序强加于原本杂乱无章、无法控制的事物上。我们生活在一个感觉受自然事件摆布的世界里,尽管科学取得了许多成就,但在很大程度上的确如此。我们对火山喷发、龙卷风和地震基本上无能为力,就像蒙昧时代的人类一样;即使是最成熟的不可知论者,在遭遇这些可怕的现象时也会向上天祈祷。原始人必定比我们大多数人更强烈地感受到了无力和恐惧,因为他们面对的自然事件要多得多,对他们来说,这些事件既不可预测也无法解释。他们会参加仪式也是自然而然的,因为这种仪式给他们一种错觉,以为自己不仅能参与自然的进程，而且还能控制恣意妄为的自然。

虽然音乐和舞蹈实际上并不能帮助庄稼成熟，也没有哪一种宗教仪式能够控制地球或者太阳的运动，但是如果认为所有的仪式行为都没有任何实际意义，那就大错特错了。通过这些从混乱中建立秩序的尝试，人类能够拓宽和加深对外部世界的认识，从而更好地理解、欣赏，并最终至少掌控外部世界的某些方面。与此同时，他遵循的仪式也引领他打开了艺术的发现之门。

当原始人第一次在洞穴的墙壁上描绘动物时，他的目的并不是为了审美。他的绘画是一种实用的仪式，其目的在于帮助他捕猎。在《图像与观念》(*Icon and Idea*)中，英国美学家赫伯特·里德(Herbert Read)引用了人类学家弗罗贝尼乌斯(Frobenius)的一段描述。当他请求一位非洲俾格米人(Pygmy)捕猎羚羊时，他们是这样进行狩猎准备的：

> 我急于想要了解他们的准备工作，于是在黎明之前就离开了营地，蹑手蹑脚地穿过灌木丛，来到他们前一天晚上找到的开阔地。俾格米人出现在昏暗中，那位女子也和他们在一起。男人们蹲在地上，拔除一小块空地上的杂草，用手把它平整好。其中一位男子用食指在清理好的空地上画了些什么，同伴们则喃喃地念着某种咒语。接着，他们沉默地等待着。太阳从地平线上升起。其中一位男子把箭搭在弓弦上，站在空地边上。几分钟后，太阳的光芒落到他脚边的绘画上。就在同一时刻，那位女子向太阳伸出双臂，喊了几句我无法理解的话，而那位男子则射出他的箭，女子再次大声叫喊。接着，三位男子从灌木丛中蹦跳着跑开了，而那位女子站立片刻，慢慢地朝我们的营地走去。当她消失不见时，我走上前去，俯视平整的沙地，看到一幅四只手长的羚羊的绘画，羚羊的脖子上插着俾格米人的箭。

因此，这幅沙地上的画以及伴随它的整个仪式，就像旧石器时代的洞穴壁画一样，都具有非常实际的目的。正如赫伯特·里德指出的，这幅画源于一种让客体"现实化"的冲动，神奇的力量将加在这个客体之上，并且人们将在现实中追逐它。

这个意义上的"现实化"是一种主动的理解或者领悟，而不仅仅是被动的欣赏。考官们都很清楚，只有当一位学生能够主动地对自己所学进行再现的时候，才能认为他真正掌握了一门学科——这也是在教育制度中保留笔试的最有说服力的理由之一。我们可以被动地理解一场讲座或者一本书，但是，当我们自己能够就某个主题进行演讲或者写作时，我们会发现自己对它的理解达到了更深的层次。这个主题已经被吸收，成为我们内心的一部分。如果一个人能够画出一种动物，那么他对其外形的了解要比他仅仅认识这个动物时要完整得多。值得注意的是，旧石器时代的洞穴艺术主要由大型动物的绘画组成。当出现人类的形态时，通常是二维的、非写实的。而且，只有对危险而难以捉摸的大型猎物，一般才进行集中的细节描绘。

弗罗贝尼乌斯描述的准备工作是某种仪式，可能被认为只是一种无用的感应巫术练习。事实上，这种仪式可以增进我们对现实的理解。如果一个人能够仔细地观察羚羊，把它画得栩栩如生，在现实中他就更有能力去追逐和驱赶它。在这种情况下，艺术的作用在于提高对对象的认识，艺术是直接具有适应性的，因为它增加了艺术家生存的机会。赫伯特·里德写道："艺术并非像早期理论家认为的那样只是一种好玩的活动、一种多余能量的消耗。在人类文化的黎明，艺术是生存的关键——一种为生存而斗争所必需的能力的磨炼。在我看来，艺术一直是人类生存的关键。"

这种艺术观与弗洛伊德的观点形成鲜明对比，弗洛伊德受其快乐原则概念的支配，继续将想象活动视为一种逃避。例如，作家应当通过让读者享受自己的白日梦并"免于自责或者害羞"来释放读者内心的紧张。作家"通过改变和掩饰使其自我白日梦的角色得以柔和化，并且，他在向我们呈现白日梦的过程中，应该用纯正的——美学的——愉悦方式收买我们"。对弗洛伊德来说，幻想可以用来更牢固地把握现实的观点是非常陌生的，他也同样无法接受美学作品可能会起到类似作用的观点。在另一个章节，赫伯特·里德写道："人类总是渴望更牢固地把握现实，这是由他的不安全感和宇宙焦虑直接导致的后果。"弗洛伊德应当会同意，人类是缺乏安全感的、焦虑的，但是，有人怀疑，他会相信只有科学——而不是艺术，才能让他"更牢固地把握现实"。当人们考虑到，在精神分析过程中变化的动因本身就是象征时，这一点就更加奇特了。因为文字是现实的表征，而不是现实本身；但是正如弗洛伊德所熟知的，对文字的明智选择可以深刻地改变一个人的心理态度。我们已经评论过弗洛伊德作为一位思想家的倾向，他把一切事物都简化到极致。同样，他喜欢将感情甚至是思想简化为身体的感觉，而忽略了更多的"心理"现象，这也体现了他的这个特点。对弗洛伊德来说，身体似乎是一个无法再进行简化的现实，而其他一切人类体验都不过是衍生品。弗洛伊德思想的这种异乎寻常的具体化影响了他对语言的使用，使他无法被理解，并且总是让一些原本欣赏他才华的人产生误解。例如，当他写到某些神经症患者会幻想母亲的阴茎时，许多人都无法理解他的观点，或者会抱怨在他们自身的经验中无法找到与这种幻想对应的部分。可是，如果有人换一种说法，声称一些神经症患者仍然认为母亲拥有通常归属于父亲的男性力量和支配地位，许多人就会觉得这样的说法是可以理解的，并且认识到对"掌权"女性的困惑可能会对情感发展产生有害的影响。然而，这两种说法背后的含义其实几乎没有什么不同。

精神分析思想还有一个特点，即弗洛伊德喜欢回顾童年经历，而不是迈向新的发展。这与象征性活动可能具有积极的作用而不是一种逃避的观点相抵触。对弗洛伊德来说，治疗是通过消除童年固着和误解所造成的阻碍来实现的。幻想可以导致一种更好的、新的适应的观点，与他的解释方法格格不入。

关于通过绘画让羚羊"现实化"，还有一个值得我们考虑的方面。对外部世界的任何事物进行描绘，无论是通过绘画、素描、雕刻还是文字，都要求艺术家与他试图描绘的对象保持一定的距离。

我们都知道，我们与一个人的主观互动会干扰我们对他进行描述的能力。当我们想要令人信服地向一位朋友描绘自己心爱的孩子或者爱人时，会发现这很难做到；而我们会说自己做不到，是因为和自己试图描绘的那个人"过于亲近"了。我们无法像自己希望的那样客观地看待所爱之人，因为我们无法把自己与他们分开，无法退后一步，"站在正确的角度"看待他们。与对象保持距离，或者说和他们保持所谓的"心理距离"，不仅仅是科学的必要前提，也是艺术的必要前提。

在第六章我们看到，对牛顿和爱因斯坦这样的天才来说，分裂特质者拥有极为强大的超然能力，可以让他们创造出一种新的宇宙模型。只有特别彻底地脱离过去和传统之后，才能形成新的理论。在一个非常微观的尺度上，我们只有从人类体验中抽离出来，才能进行评估和描述，这也涉及同样的心理机制。抽象的能力是智慧的开端。这种能力虽然并不完全限于人类，但在很大程度上却是人类所独有的。例如，鸟类在辨认图案和数字方面具有一定的抽象能力。但是，只有人类才能脱离自身和周围的世界，客观地观察自己的情感，对现实进行象征化的再现。

在生命之初，人类缺乏这种抽象的能力。尽管我们的猜测部分是基于回溯性的推断，但似乎可以肯定的是，婴儿一开始并没有把自己与母亲区分开（他刚刚离开她的子宫），也没有把自己与其周围的世界区分开，而是认为自己是这个世界的一部分。当逐渐界定自己身体的界限时，他开始意识到与自身不同的外部世界的存在。"成长"在很大程度上与逐渐放弃这种最初的主客体的融合有关。正如费尔贝恩所说："客体关系的发展，基本上是一个由婴儿式的客体依赖逐渐过渡到成熟的客体依赖的过程。这个发展过程的特征有：（a）逐渐扬弃原始的、以原初认同（primary identification）为基础的客体关系，（b）逐步建立以客体分化（differentiation of the object）为基础的客体关系。"这种分化不仅适用于与他人的关系，也适用于我们与外部世界的关系，以及与我们内心思想和感情的关系。随着不断地走向成熟,我们慢慢地不再那么轻易地把自己与周围的环境、所爱之人以及我们的情感和信念等同起来。这在一定程度上是人类记忆力显著发展的结果。有了记忆,我们就可以从自己过往的经验中退后一步,客观地看待它、描绘它,并且如果我们拥有必要的技能,还可以把它转化为一件艺术作品。而且,正如每一位小说家都了解的那样,只有在时间的介入下,这种转化才成为可能。一种情感体验越是深刻,就越有必要与之保持距离,平静地回忆它,这样才能从中获得艺术的意义。因此,普鲁斯特才将其伟大的著作命名为《追忆似水年华》,并将最后一卷命名为《重现的时光》(*Le Temps retrouvé*)。没有哪位艺术家能比他更加深刻地体会到记忆和时间对自己的作品所做的贡献。

抽象的能力让人类对他所脱离的事物拥有一种掌控感。正如我们看到的,这种力量感有时可能是虚幻的,因为咒语并不能让庄稼生长。然而,所有的科学成就,以及人类对自然的一切真正掌控,都首先取决于一个事实,就是人类把自己与自然分离。在第六章,我简要地介绍了笛卡尔,他的抽象能力让他形成了一种哲学观点,这种观点被普遍认为是现代科学的基础。事实上,笛卡尔的成就与他在童年遭受的情感剥夺有关,并且从精神病理的角度来说,完全可以认为他是"不正常"的,但这些并不能推翻我们的论点。伟大的革新者们是否具有更为明显的分裂或者其他精神病理特质,这一点仍然存在争议;但是在他们身上,我们看到的只是我们所有人都拥有的一种潜力的放大,并且可以说,这种潜力是我们人类特有的适应能力的一个重要方面。

人类的抽象能力是其天性的一个基本部分,甚至在非常原始的作品中也可以看到这一点。赫伯特·里德引用了马克思·拉斐尔(Max Raphael)所著《史前陶器与埃及文明》(*Prehistoric Pottery and Civilization in Egypt*)一书中的一段话:

> 陶器起源于必要性,而上面的纹饰则起源于数学,从某种意义上说,有一种抽象的意志,即从物体的物理性质中达到某种超脱,从无定形中

提炼出简单的、有限的、固定的、持久的和普遍有效的东西。新石器时代的艺术家想要的并不是一个充满不断变化以及短暂的活动和事件的世界……而是在一个不变的系统中，人与人之间以及人和宇宙之间的关系。其目的并不是压制生命的内容，而是主宰它，迫使它屈服于创造意志的力量——人类操纵和改造世界的动力。

在谈论音乐时，德裔美国哲学家苏珊·朗格（Susan Langer）也对超然提出了同样的观点。如果艺术家没有在他自己与他的材料之间拉开一段距离，他所表达的就不是音乐。"纯粹的自我表达不需要任何艺术形式。一群私刑党在绞刑架旁嚎叫；一位母亲在孩子生病时束手无策；一位男子刚刚从一次事故中救出他的爱人，站在那里颤抖、流汗，或许还会开怀大笑或者喜极而泣，他们都在表达强烈的情感……但这样的场景与音乐无关，至少与音乐创作无关。音乐并不是自我表达，而是对情感、情绪、内心冲突和缓解的表述和表现，是一幅关于有情生命的'逻辑图像'，是洞察力的源泉，而不是对同情的恳求。"当实现"心理距离"之后，"内容对我们来说就被象征化了，它所邀请的不是情感反应，而是我们的洞察力。'心理距离'仅仅是一种通过象征来领悟以前没有明确表达的东西的体验"。

甚至连语言的使用本身也暗示着某种程度的距离。正如我们在讨论精神分析中文字的运用时指出的那样，文字是现实的表征，并非现实本身。例如，描述性地使用文字已经暗示了主体与客体的某种区分，即存在着与自我分离的"外在"事物。

因此，象征的产生是自我与客体分离的结果。它也是我们理解客体的一种手段。正是借助于象征，我们形成了概念；正是通过对概念性思维的运用，人类才征服了世界。正如苏珊·朗格所指出的，象征（symbol）与标志（sign）有着不同的功能，尽管这两者经常被混淆。"标志表明了某种事物、事件或者状况在过去、现在或者未来的存在。潮湿的街道是下过雨的标志。屋顶上的啪嗒声是正在下雨的标志。"但象征可能会让我们形成关于物体的概念。标志代表物体的存在,而象征则隐含着概念。一旦我们有了概念,就可以运用自己的想象力,而物体不再需要在场。当物体不存在的时候,我们也可以对它进行思考。苏珊·朗格认为,这就是人类心理的一个特征,它将我们与动物区分开来。"狗对我们的绘画不以为意,因为它们看到的是彩色的画布,并不是图画。看到一幅猫的画,它们也不会认为那是一只猫。"这种说法或许并不完全正确。荷兰生态学家阿德里安·科特兰德（Adrian Kortlandt）在他对野生黑猩猩所做的实验中得出结论,这些动物确实能认出自己的照片并做出反应。但是,即便有些动物可能具有识别和形成象征的基本能力,这一事实并不能推翻我们的观点。象征隐含着概念,一旦我们对现实的一部分形成概念,我们就可以对这个概念进行探索和思考,最重要的是,我们可以把它与其他概念联系起来。这个概念会成为一块心理拼图,很有可能与其他拼图拼在一起。当然,我们永远都无法拼完所有的拼图,但是,即使仅仅发现一两块可以拼上的新拼图,也会给人一种其他体验都无法比拟的兴奋感。这种概念之间的相互联系是取得新的科学发现的主要途径。这就是亚瑟·库斯勒所说的异类联想,他在《创造的行为》一书中对这一过程进行了详尽的研究。

因此,象征增强了我们对现实的把握和掌控。在科学领域,它发挥作用的方式是显而易见的。尽管在巨大的自然灾害面前,我们仍然无能为力,但是科学已经极大地提高了人类对环境的掌控能力。本章的论点是,艺术家也在不断地尝试着同样的过程。伟大的艺术家增强我们对现实的把握能力的最明显的方式是通过文字。乔治·艾略特或者托尔斯泰这样杰出的小说家,由于他们的感受力更为敏锐,所以他们能够捕捉到现实中的某些方面——它们或者被我们所忽视,或者即使我们留意到了,也无法"用语言表达出来"。他们的语言天赋使其能够以某种激动人心的方式把一些经验表达出来,我们或许会承认,自己曾分享过这些经验,但无法利用它们,因为我们没有把它们概念化的技能。小说家给了我们一个现成的概念,我们可以接受它,并把它与我们自身的经验联系起来。

例如,关于趋炎附势和追求地位对人类的重要性,普鲁斯特在他的作品中进行了无与伦比的观察:一位地位显赫的贵族认为自己的妻子应当穿着得体地去参加晚宴,这比耽搁一会儿去慰问一位刚透露自己将不久于人世的朋友更重要。发生在杜克公爵(Duc)、盖尔芒特公爵夫人(Duchesse de Guermantes)与斯旺(Swann)之间的这一著名场景,集中体现了人类的冷酷无情,也因此能够让我们在其他类似的情形下看到这一点。

同样,普鲁斯特对同性恋者,尤其是关于他们如何彼此确认的描述,可以帮助我们在周围的人群中识别类似的行为——当德·夏吕斯(de Charlus)先生遇到裁缝絮比安(Jupien)的时候,他们察觉到自己可以从对方那里获得感官的满足。在这个场景的末尾,普鲁斯特准确地说明了这一点:"连奥德修斯一开始也没有认出雅典娜。不过,神与神之间很快就可互相看穿,同类人也可一眼识破,如德·夏吕斯先生就被絮比安一眼看透。迄今,面对德·夏吕斯先生,我就像个漫不经心的人,面前站着一位孕妇,却没注意她那笨重的身子,当她微微一笑,再次对他说:'对,我现在有点儿累。'他还不知趣地刨根问底:'您到底哪儿不舒服?'一旦有人给他点破'她有身孕',他才猛然发现她腆着肚子,两只眼睛便盯着不放。确实,理智打开眼睛,悟错增加眼力。"

或者,我们也可以举一个时间比较接近的例子,英国小说家查尔斯·珀西·斯诺(C. P. Snow)的系列小说《陌生人和兄弟们》(*Strangers and Brothers*)着重描绘了人类如何执着于权力,并且为了权力而不择手段。除非一个人碰巧进入了斯诺所描述的充满政治和学术阴谋的世界,否则他的描述将揭示出适用于读者个人经验的一部分人类动机,因为这种动机并不仅仅局限于作者所描述的那部分社会,而是一种普遍的动机,即便这位读者并未经历过激烈的权力斗争。

每一位认真的读者都能回忆起这样的例子:一个作家如何让自己意识到之前并未认识到的现实的方方面面,并且他们肯定会同意,这种意识增强了他对世界的理解和把握,而不是为他提供了一种逃避的方式。

我们也不难理解,画家可能也会发挥类似的作用。印象派画家带来了在画布上渲染色彩的革命,教会人们以全新的方式看待物体。贡布里希在《艺术的故事》(*The Story of Art*)中写道:"我们不会单独地看待每个物体的色彩,而是用我们的眼睛——其实是用我们的头脑——把它们混合成一种明亮的色调。"富有创造性的画家重新审视了自己的视觉体验,也让我们重新审视了自己的视觉体验。这样,我们就无须再沿袭之前的惯例,而是可以用一种崭新的、或许更幼稚的视角来看待物体。

众所周知,当先天失明的人刚刚重获光明的时候,眼前出现的只是一片混乱,各种颜色和形状眼花缭乱,让他更加无法在外部世界中找到自己的方向。在《艺术与幻觉》中,贡布里希展示了我们所获得的视觉图式(schemata)是如何给我们带来困扰的。想要在视觉层面理解一个物体,仅仅看着它是不够的。我们所了解和获知的,特别是我们从其他图片中所获知的东西,实际上既干扰了我们的感知,也促进了我们的感知。当然,这恰恰相当于一个全面的科学假设所产生的愚钝效应。旧的理论越是优越、包容性越强,人们就越难以调整自己的心态去接受新的理论。

象征是获得洞察力的一种方式,但它也限制了洞察力,因为没有任何象征可以涵盖它所能让我们掌握的全部现实。因此创造者必须摧毁象征,试着重新找回英国艺术评论家拉斯金(Ruskin)所说的"纯真之眼"(innocence of the eye),然后才能给我们一个感知世界的崭新框架。正如我们将会看到的,创造性人才的一个特点就是能够容忍混乱所引起的焦虑,他必须愿意看到自己对世界的掌控被打破,然后才能重新获得这种掌控。

人们并不总能意识到,对普通人来说,对现实美好愿景的破坏可能是一种令人心碎的经历。这样的剧变相当于他发现,一个已经让他产生"基本信任感"(用埃里克森的话来说)的人原来是不忠或者不值得信任的。一个他深爱也爱着他的人、一个理解他的人、一个总是毫不犹豫地支持他的人,这样的图式或许只是源于婴儿期的幻觉。但这种幻觉极为宝贵,因此大多数人都无法离开它;而且当这种幻觉被摧毁时,他们会感到幻灭和恐慌,因为他们被抛回了现实,必须完全依靠自己。当我们意识到这个世界如此广阔而冷漠、个人如此渺小而无助时,都会感受到基本的宇宙焦虑,而图式、哲学、宗教、科学理论甚至审美偏好,都可以充当抵御这种焦虑的堡垒。无怪乎我们讨厌自己所珍视的幻觉破灭,讨厌我们看待事物的传统方式受到挑战。当印象派画家首次尝试在巴黎展出作品时,他们遭到了暴风雨般的辱骂。只有当我们意识到,印象派带来的新视角激发了艺术界强烈的基本焦虑时,才能理解如此粗暴的行为。同样,当易卜生的戏剧初次在英国上演时,也招致了激烈而无理的批评。克莱门特·斯科特(Clement Scott)这样评论《玩偶之家》:"气氛糟糕透了……全都是自我、自我、自我。"《旗帜报》(*Standard*)称这部剧是病态的,《人民报》(*People*)则给它贴上了不自然和不道德的标签。1913年5月,俄罗斯芭蕾舞团在巴黎首次演出斯特拉文斯基的《春之祭》,引发轩然大波。部分观众对斯特拉文斯基的才华知之甚少,他们认为他是在亵渎和摧毁音乐艺术,这场演出也被嘘声和漫骂毁了。

抛开审美方面的考虑不谈,或许视觉艺术家们所关注的一切最初都源于一种基本的动力,即通过视觉来理解和把握世界。因此,这是灵长类动物所特有的探索行为的延伸,我们之前曾提及过,这种探索行为与游戏有关。显然,最熟悉环境的动物有最大的生存机会。越是充分了解自己所处的世界,它就越有可能躲避危险,迅速有效地获得自己需要的东西。只有当某些事物破坏了我们的视觉世界时,我们才会真正发现自己生活在什么样的视觉世界,这就像一项绘画的新发现或者一副生理学实验者所钟爱的扭曲眼镜会给我们带来冲击一样。我们以为自己可以通过双眼来了解现实,但是那些赏心悦目、模棱两可的图形,既可以看作一个花瓶,也可以看作两张人脸,或者既可以看作一只鸭子,也可以看作一只兔子。这证明我们在理解自己看到的任何事物之前是多么需要图式。贡布里希在《艺术与幻觉》中写道:"我们所看见的世界的面貌是一个构造(construct),是由我们每个人在多年的实验过程中慢慢建立起来的。我们眼睛的作用不过是在视网膜上经受一些产生种种所谓'色觉'的刺激而已。正是我们的心灵把那些感觉组合成知觉,也就是我们意识中的那个奠基于经验和知识的世界画面的要素。"

如果不去考虑画家给了我们新的图式,使我们能够更好地欣赏和适应通过视觉所理解的外部世界的现实,我们或许可以得出这样的结论:绘画的审美方面也是具有适应性的,尽管这并不那么明显,更多是在内隐的、"心理"的意义上。在讨论猿类的绘画时,我们想知道什么东西对它如此重要,以至于即使在面对食物的诱惑时,它也必须完成自己的绘画,必须"把它画好"。这种纯粹的"审美"活动为何会具有适应性呢?

有意思的是,作为一位生物学家,莫里斯本应对这个问题特别感兴趣,但他却没有在《艺术生物学》中给出这个问题的答案。他写道:

> 我们已经看到,猿类之所以没有进一步发挥其潜在的审美才能,并将其付诸实践,是因为除了获得审美快感,它们没有理由这样做。现在看来,今天的人类也处于类似的境地,但他们仍然坚持进行绘画活动。但是,我们不难找到其中的原因。人类有着悠久而辉煌的绘画传统,并且可以获得所有必要的材料。人和猿都具有通过审美方式表达自我的内在需求,并且如果给他们提供绘画材料,其反应基本是相似的。

但是,为什么猿类和人类都有这种需要?这种需要有什么目的呢?莫里斯博士未敢猜测。我们已经看到,语言艺术和视觉艺术要么具有直接和实际的适应作用,要么源于想要理解和掌控环境的动机。接下来,我们将大胆地假设,艺术的审美部分也具有适应的作用。诚然,这个想法是值得怀疑的,但它也提出了许多引人入胜的可能性。

第十二章

人类的内心世界：起源和作用

我在上一章结束时提出，即使是艺术活动的纯审美方面也可能具有适应的作用。黑猩猩刚果（Congo）在自己还未完成画作、审美需求尚未满足的时候被拿走画笔，它因此愤怒地抗议，就好像对它来说绘画和进食或者性一样，都是一种"本能"，中途被打断让它非常沮丧，就好像交配或者进食中断一样。与那些水平更高超的人类艺术家不同，刚果的画并不会增强它或者我们对外部世界的把握。但是正如莫里斯所证明的那样，刚果和其他猿类在它们的绘画中表现出一种对平衡和控制的强烈偏好，甚至连鸟类也表现出对规则图案而不是不规则图案的偏好。我们从自己的经验中知道，对外部世界的对称性和秩序的沉思，会给我们带来一种平静和满足。无论是听巴赫的协奏曲，欣赏乔托（Giotto）的画作，还是学习数学定理，我们所获得的满足感，有相当一部分来自我们对秩序和平衡的欣赏。无论我们以多么微不足道的方式从混沌中创造秩序，从朦胧中找到意义，从荒野中开垦出一座花园，甚至以自己满意的方式摆放好一盆鲜花，我们都会获得一种满足，这和满足我们的营养或者性需求一样重要。

这种满足来自哪里呢？我们在上一章看到，我们需要图式来理解外部世界。这并不是唯一一个人类必须与之抗衡的世界。我们还面临着去理解、接受和掌握我们自己心灵的内在世界的问题，为此，我们也需要图式。当我们自己创造某些东西，或者对他人的创造进行思考时，我们似乎是在试图整合和重组我们自己的内在体验。美国心理学家哈里森·高夫（Harrison Gough）写得很好："无论如何，一件作品必须给人一种和解的感觉，以一种审美与和谐的方式缓解原始状态下出现的不和谐。例如，艺术作品通过重新排序使得形式和空间的紧张关系达到平衡，从而缓和了观察者内心的冲突，让他获得了一种相遇感和满足感。"就像自然定律的发现带来了掌控感以及进步的可能性（只有当我们了解引力场时，才能避开它们），当我们在艺术中发现在情感语言中也存在逻辑和对称性，这让我们感到对自己的任性还有一些掌控，或者至少说明我们的情感并不一定是完全混乱的。

然而，要理解这种内心张力的调整为什么是人们期待的，并且可以给他们带来满足，我们有必要先说一些题外话。我们如此不假思索地提到的"内在世界"究竟是什么？以吉尔伯特·莱尔（Gilbert Ryle）为代表的一些哲学家否认存在这样的实体。即使它确实存在，它又是如何产生的，又有什么作用呢？动力心理学家们在假定存在一个心灵的内在领域这一点上是彼此一致的，但对其内容、结构和成因却意见不一。克莱因称之为"内部客体"（internal object），而荣格则命名为"原型"（archetype）。弗洛伊德提出了超我和本我的假设，费尔贝恩则发现了"力比多自我"（libidinal ego）和"反力比多自我"（anti-libidinal ego）。我的任务并不是解决这些意见分歧——尽管这可能并不像想象的那么难，而是让读者相信存在这样一个心灵的内在世界，人们可以规定它的内容和结构，并进一步向读者表明对人类这一经验领域的理解和掌控，与对外部世界的理解和掌控一样重要。

弗洛伊德将心灵装置描述为"我"或者自我（他坦率地承认这是一种虚构的描述），他认为其在良知和本能之间不停地摇摆。正如我们在第四章指出的，自我受到焦虑的威胁，它试图保护自己，对焦虑进行防御。焦虑可能源于外部世界普遍存在的生存危险。或者，焦虑可能产生于心灵本身，源于良知谴责的威胁，或者是源于本我的威胁（因为本能要求得到满足）。因此，尽管自我代表意志，但相对而言，它拥有的独立行动的力量却很少，因为它就像一位民主的首相一样，受制于来自各方的诸多压力。良知，或者说弗洛伊德所说的超我，来自父母的训导；如果僭越了童年期的行为准则，其内心深处就会出现权威的声音，威胁着要惩罚他或者不再爱他。弗洛伊德认为本能来自本我，即一个充满未被驯服的冲动的地方，在这里，杀戮的幻想、倒错（perversion）的欲望、占有欲和其他一切以自我为中心的幼儿期激情仍然存在，不受文明或者成长进程的影响。

尽管现在这个模型已经部分过时了，但仍然可以帮助我们理解心理现象。这里我们需要注意的是，弗洛伊德假设心灵中有很大一部分是无意识，它几乎与外部现实没有关联，是原始的、冲动的和极端的，并且它似乎从童年早期开始就几乎没有发生改变。在心灵的这幅图景中，内在与外在、欲望与满足之间似乎缺乏对应关系，弗洛伊德认为，这是文明对人类野性的影响所必然造成的结果。

按照荣格的理论，更深层次的"集体"无意识的内容被拟人化而成为原型。这些原型是全人类共有的意象，反映了人类的基本需求和欲望，但它们在本质上是非个人化的，因为它们并不是来自孩子对真实人物的体验。因此，在孩子与母亲的实际互动背后，隐藏着大母神（the Great Mother）这一原型意象，其可能比任何一位人类母亲都更加聪慧、善解人意、充满怜悯之心；但另一方面，其也可能像卡利（Kali）女神那样具有破坏性，或者像蛇发女怪戈尔贡（Gorgon）那样迷惑人心。同样，阿尼姆斯（animus）和阿尼玛（anima）的异性意象也存在于无意识中，是两性对另一性别需求的人格化。这类意象与真实的人没有什么关系，但是很容易被投射到真实的人身上，结果使后者充满魔力，似乎拥有原本属于原型意象的魅力和不可抗拒的吸引力。荣格认为，这些意象源于与生俱来的心灵结构，而不是幼儿期的经验。并且，他向我们证明了在不同文化和时代的神话和宗教中，都可以找到具有类似特征的原型意象。例如，善良和邪恶的母亲意象是无处不在的，还有我们孩提时都喜欢看的英雄神话。我们无须纠结于此去探讨荣格理论的复杂性，但应该注意到荣格和弗洛伊德一样，都认为有必要假设存在一个心灵层次，在这个层次上内在和外在之间几乎没有对应关系。与其说荣格的集体无意识沸腾着幼儿期的欲望，不如说它是一个神话世界；不过它仍然充满强烈的情感和不可抗拒的体验。它与外部世界截然分开，但偶尔也会侵入外部现实。无论如何，它都是人类对一切客体的个人化和非个人化认识的基础。

在克莱因的理论中，一切都源于幼儿期的体验。按照这个观点，婴儿从出生起就拥有幻想的能力，并且这种能力最早表现为对乳房的幻觉意象。如果婴儿能够从乳房那里获得满足，就会认为它是"好"的，反之则会认为它是"坏"的，二者泾渭分明。这些意象是基于经验所做的心理建构，但它们长久而牢固地占据着心灵，具有善恶的"全或无"的特点，这显然等同于荣格原型母亲的绝对善良以及她的对立面——女巫或者破坏女神的绝对邪恶。按照克莱因的理论，给婴儿带来挫折的客体成了迫害者，而人的偏执倾向，即使在所谓的正常人身上也很容易被挖掘出来，它源于婴儿离开子宫后最初几个月的经历。无论事实是否如此，我在第五章总结过，分裂特质者的行为和态度清楚地表明，与幼儿期有关的各种情感反应会持续到成年，包括全能和无助的对立面，以及对处于恶意迫害者权力下的恐惧——卡夫卡就是一个很鲜明的例子。我可能还要补充一点，分裂特质者也容易将他们的客体理想化，这种理想化就像他们对客体的偏执性恐惧一样不切实际。当"坠入爱河"成为一种极为强烈或者令人心碎的体验时，它就像其对立面恐惧一样成为一种具有分裂特征的现象。对人类来说，绝对信任和绝对不信任同样都是不切实际的。

我们并不难找到其他类似的例子，但是已经有足够的证据表明，无论不同流派的分析师们存在多少分歧，他们都一致认为，存在着一个与外部现实分离的心灵的内在领域，而"我"或者自我必须适应它，就如同必须适应周围的世界一样。尽管内在世界与外在世界会相互影响，有时也会相互对应，但两者通常是分离的。然而，心灵的内在世界影响着我们日常的思想、感觉和行为，而我们只能部分地意识到这一点。在夜间，它会在梦中显现出来，这些梦是由情感而不是理性决定的，并且常常让我们回想起已经遗忘的童年时期的事件和人物。在荣格的理论中，梦被认为具有调节的功能。意识的某种片面态度——例如完全由理性支配的生活方式——会激起无意识相反的反应，表现为一场不受约束的情感的梦魇或者激情的爆发。梦具有补偿功能这个观点是相当有意思的，因为现代研究已经证明，梦对健康来说是必要的。由于我们现在能够通过脑电图来检测被试者什么时候在做梦，所以可以做到剥夺一个人的梦但不剥夺他的睡眠时间。不被允许做梦的人会变得心烦意乱，最终患上精神病。我们并不能完全理解梦的这种"疗愈"作用，但是毫无疑问，如果我们不被允许不断地接触梦的起源——心灵的内在世界，我们就会因此感到痛苦。既然动物似乎也会做梦，所以我们可以假设它们也拥有某种想象的内在世界，不过，人类的内在世界很可能要丰富和复杂得多。

这个内在世界是如何产生的？分析师们倾向于认为它产生于挫折。可以说，如果婴儿的需要总是一出现就得到满足，那么他就没有必要去寻求想象中的满足了。如果乳房总是可以得到，那就没有理由去幻想它。换而言之，如果母亲与婴儿、客体与主体能够完美地匹配，就永远不会形成内在世界，因为首先，我们认为这个世界充满未实现的欲望和未满足的愿望。在笛卡尔和牛顿的例子中，母亲的养育显然是缺失的或者被粗暴地打断了，结果导致了他们理性和情感的分裂，以及用思想征服世界的强大动力。他们似乎很早就放弃了在现实世界中获得情感满足的任何希望，因此将自己的感情放逐到内在世界，而这个世界在很大程度上是无意识的，在这里情感与外部现实几乎没有联系。我们可以简单地把这种策略与瓦格纳的四联神话歌剧《尼伯龙根的指环》(*Der Ring Des Nibelungen*)的第一部《莱茵的黄金》(*Das Rheingold*)中的侏儒阿尔贝里希（Alberich）的策略进行比较。他希望得到莱茵的仙女们的爱，却遭到了拒绝，于是他偷走了她们的金子，戴上用金子制成的指环，立志成为世界的主宰者。

但这些都是极端的例子。剥夺和忽视可能会加速内在世界的形成，在这个世界里，只能在幻想中获得情感的满足。但是，正如我们看到的，其实每个人都有一个这样的世界，它并非只属于那些明显受到剥夺的人。当然，没有哪位人类母亲是完美的，因此婴儿也不可能指望自己最细微的需要都能立即得到满足。这是一种属于幻想的愿望，而母婴之间的呼应并非人们想象的那样"完美"。婴儿来到这个世界后往往特别无助，十分依赖自己的母亲，而他和母亲之间的关系很容易受到打扰。如果天遂人愿，我们可能会期望需求和满足可以完美地匹配，但从婴儿随后的发展来看，很明显他们的需要往往无法充分地被满足，或者没有很快地被满足。又或者，他们在获得满足之后突然变得失望，比如，母亲在婴儿出生的头几个月里满足其需求之后，却不得不离开他很长一段时间。

然而，把孩子情感发展中可能出现的问题一概归咎于母亲，这是无稽之谈。用温尼科特的话来说，大多数母亲都是"足够好的"。每一位精神科医生都见过这样的案例：母亲对孩子是慈爱而关注的，但孩子却成了精神分裂症患者，或者表现出分裂样或其他人格障碍的症状。在第八章，我引用了弗洛伊德的《强迫性神经症的倾向》这篇论文，他认为容易表现出强迫症状的人，在童年早期"自我的发展超过了力比多的发展"。很有可能，智力早熟、敏感的婴儿在面对微小的挫折时，也会产生与面临重大悲剧时相同的反应，并且这些经历会不可磨灭地被记录下来，从而对孩子的未来产生有害的影响。

我们在这里论证的是，人类在婴儿期会遇到一些固有的挫折，并且因为这类挫折意味着他们没有在现实世界得到满足，因此鼓励了内心幻想世界的发展。而对那些敏感早熟、富有天赋且在后来从事创造性活动的儿童来说（他们的神经系统像录音设备那样先进），整个婴儿期的经历对他们产生的影响更加深刻——可能会成为一种"印刻"（imprint）。

不可否认，人类的婴儿期本身就充满挫折：尽管婴儿有着"全能"的幻想，却不得不屈辱地完全任成人摆布——大人方便的时候才会把他抱起来，喂他东西，给他洗澡或者陪他玩耍；即使被充满爱意地抱在怀里，婴儿也是无助的。斯威夫特被公认为是一个"病态"的人物，他的童年充满困扰。他在描写格列佛在大人国任由巨人们摆布的经历时，无疑是在记录他对自己婴儿期的印象："当我的保姆把我带去拜访这些宫内侍女时，最让我在她们中间感到不自在的，就是看到她们对待我时完全不讲任何礼节，好像我是一只完全不需要顾及的动物。"一个孩子越是早熟，就会越迅速而深刻地感受到自己在现实中是多么无助和无能。在出生时和出生之后相当长的一段时间里，婴儿神经系统的发育都不完善，因此运动和执行部分的发育远远不如感知和接受部分完善。与许多物种的幼崽不同，人类在刚出生时就有视觉、听觉和嗅觉。但是，他明显缺乏运动协调能力，需要很长时间才能学会站立和行走、控制大小便，需要更长的时间才能理解和使用语言。在很多情况下，婴儿在内心感到挫折，因为他没有足够成熟的运动器官来做出恰当的反应。例如，在感到疼痛时，成人会想要战斗或者逃跑，但婴儿却无法做到战斗或者逃跑，只能在无能为力的愤怒中挣扎。婴儿因为尚未掌握足够的词语，因而无法让成人理解自己——我们大多数人都能回想起这种挫败感。幼儿早在学会运用语言之前就能理解话语的意思，他们知道自己想要说什么，但却无法用语言表达，对此他们觉得非常惭愧。我们都拥有一个幻想的内在世界，这并不奇怪，因为在婴儿期和童年期，我们都需要这样一个世界。

　　大多数人都认为，童年经历会对未来的发展产生巨大的影响，但很多人都对婴儿早期的影响持怀疑态度，这是可以理解的。人类拥有超强的记忆力，但是很少有人能回忆起三四岁之前发生的事情。然而，婴儿早期的经历确实会产生强大而持久的影响，持有这种观点绝不是一件荒诞的事，即使这些经历无法被有意识地回忆起来。弗洛伊德认为，"婴儿健忘症"（infantile amnesia）是压抑的结果。也就是说，他相信婴儿期的许多经历都与婴儿对父母强烈的爱恨冲动有关，这些冲动是如此原始、暴力、以自我为中心，以至于心灵将它们和与之相关的经历都驱逐到无意识中。毫无疑问，压抑确实会发生，而且它是我们每个人都有的一种积极的防御机制。正如我们前面指出的，梦确实会让被遗忘和被压抑的童年记忆得以显现。此外，还有一些实验证据支持弗洛伊德的理论。根据他的假设，人们会认为，相比于不愉快的经历，愉快的经历更容易被回忆起来。在一个实验中，学生们被要求回忆自己最早的童年记忆，这些记忆中有50%是愉快的、20%是中性的，只有30%是不愉快的。实验结果显示，人们确实会选择性地遗忘不愉快的记忆。但是，这也许并不是全部的解释。人类婴儿还具有另一个与婴儿健忘症有关的不成熟的特征，它对弗洛伊德的解释做出了补充，而不是反驳。

婴儿出生时的大脑重量仅仅只有成年之后的四分之一。乔治·克莱尔（George Crile）在《人类的自然观》（*A Naturalistic View of Man*）中写道："成年人类的颞叶比其他动物大得多，但在婴儿期大部分尚未发育。在大约2年时间里，婴儿的大脑一直停留在胚胎阶段。"我们从神经外科实验了解到，颞叶主要与记忆有关。"彭菲尔德博士（Dr. Penfield）为癫痫或者脑损伤患者绘制了脑图。这些研究表明，儿童大约有四分之一的左颞叶皮层用于语言，并成为其语言中枢，与记忆和单词的使用有关。剩下的四分之三用于记录经验，并根据当前的事件对这些经验进行解释，被称为解释皮层（interpretive cortex）。"

在人类出生时，大脑中与后来的有意识记忆有关的部分尚未完全发育，但这并不意味着经验没有被记录下来，也不意味着愉快和不愉快的经历都没有对婴儿的发展产生影响。事实上，我们从猴子实验和对机构抚养的婴儿所做的研究中了解到，精神分析学家提出的这个假设是正确的：孩子生命的最初几个月是至关重要的。在物理层面，我们知道在大脑发育时，德国麻疹和其他有害病原体导致大脑损害的时间越早，这种损害就越有可能是永久性的。事件被记录在大脑中的物理机制尚不完全清楚，但毫无疑问，这种机制的确存在。很有可能，早期事件留下的痕迹与后来的印象一样深刻，甚至更加深刻。颞叶皮层在出生后的好几个月内还没有发育完全，这是对儿童健忘症的另一种解释，但精神分析学家通常都没有考虑到这一点。不过，他们认为婴儿早期的经历会被记录下来，尽管是在低于颞叶皮层的水平上，而这种想法很可能是正确的。

克莱尔写道："童年早期的经历被牢牢地记录在'旧大脑'的下部中枢，并对随后的行为产生深远的影响。然而，这些经历是孤立的、不可侵犯的。它们无法与尚未发育的解释皮层联系起来，因此既不能作为记忆被检索出来，也不能通过与随后的经历进行比较而改变。它们就如同我们与生俱来的或者通过印刻而习得的行为模式。"因此，这里有一个生理图式，它不仅说明了心理体验的内在世界是如何形成的，并且还提供了一个解释——为什么这个世界与外部世界是隔绝的，因此它不会受到外部世界的影响。弗洛伊德应该会考虑用生理学和解剖学术语来解释他的压抑理论，并对此欢迎之至。

因此，对于婴儿来说，"记忆"的含义与成年期甚至童年后期的记忆是不同的。但是实验表明，克莱尔所说的"旧大脑"或者边缘系统，不仅具有独立于"新大脑"或者大脑皮层运作的能力，而且还与最原始的情感有关。对大脑这个古老的部分进行电刺激，可以引起勃起和射精、攻击行为、防御-退缩行为和进食行为。根据婴儿被对待的方式，这些中枢在他们身上以不同的方式和强度被唤起和刺激。大脑细胞之间的通路和相互联系一旦建立起来，就会迅速成为习惯，并且没有理由认为边缘系统在这方面与大脑的其他部分有任何差异。也就是说，大脑在化学-生理水平上表现出"记忆"，因为通过重复使用同一种相互联系的通路，脉冲的传导会受到促进。但是，这种"记忆"不一定是有意识的。因此，即便一个孩子可能永远也无法有意识地回忆起一些快乐和痛苦的经历，这些经历仍然会深刻地影响着他。

大脑的这个古老的部分会产生意象吗？这个问题很难回答，但是，根据在梦中出现的一些意象——特别是那些来源不明、与个人记忆无关的意象——来判断，似乎很可能是这样的。另外，它很可能无法对语言进行解释。正如神经科学家保罗·麦克莱恩（Paul MacLean）所写："根据弗洛伊德的观点，旧大脑具有无意识本我的许多属性。然而，有人可能会说，内脏脑（visceral brain）根本不是无意识的（甚至在睡眠的某些阶段可能也不是），而是逃脱了智力的掌握，因为它的兽性和原始结构使它无法用语言进行交流。因此，也许更恰当的说法是，这是一个兽性的、目不识丁的大脑。"

现在我们有了由一位医生和一位神经科学家提出的另一种方法和另一种解释。无论他们的观点是否正确，他们都和弗洛伊德以及其他精神分析学家一样认识到了同一个问题：存在着一个原始的、充满激情的、非全即无的内在世界，因为它与意识的联系非常微弱，所以在很大程度上只能通过间接的证据推断出它的存在。

我们已经看到，人类本性的这种奇特特征，在一定程度上是由人类婴儿在生理和心理层面都不成熟的状态下来到这个世界导致的。我们认识到，这种不成熟及其在童年期的延长是适应性的，并会在下一章深入地进行探讨。作为一个物种，人类依靠自己的聪明才智、学习能力以及文化传承能力取得了成功。如果他没有在漫长的不成熟期进行学习，就无法做到这些。幻想的内在世界似乎是由人类在婴儿期遭受的内在挫折引起的，并且会被这种挫折强化，我们可以认为它仅仅是这种发展模式的副产品。另外，我们可以认为幻想本身也具有适应性。如果每个人都有一种残留的缺憾，并把这种缺憾从童年带到了成年——而且，如果这种缺憾被深藏在难以触及的心灵深处，那么，他难道不会尝试去弥补这种缺憾，并整合或者吸收这个分裂的内在世界吗？从牛顿和笛卡尔这类"病态"的人物身上，我们很容易看出，他们的科学发现和哲学图式是理性与情感分裂的结果；而且，在每一个案例中，都可以找到令人信服的理由来说明为什么会发生这样的分裂——因为他们的母爱显然都被剥夺了。爱因斯坦对待他人的态度强烈地表明，他早年与母亲的关系一定出了问题；但他的传记作者对此讳莫如深，所以我们找不到任何证据。无论如何，不管爱因斯坦多么急于切断所有的情感联系，他还是为自己找到了一种令人满意的适应方式，而且他的人际冲突肯定比牛顿或者笛卡尔更少。

这些极具创造性的人不过是人类普遍现象的极端例子。人的一生都带着一种缺憾，这种缺憾虽然程度不同，但始终存在，这是婴儿期的内在挫折造成的。这驱使他去寻求象征性的满足：一方面是通过掌控外部世界的方式，另一方面是通过整合自己的内在世界并与之和解的方式。正是凭借在艺术和科学方面的创造性，人类才得以生存，并取得了如此璀璨的成就。人类漫长而不尽如人意的婴儿期本身就是一种适应，这带给他一种"神圣的缺憾"(divine discontent)，激励他去取得创造性的成就。

第十三章

神圣的缺憾

在上一章我指出，人类婴儿虽然具备很好的感知和记录感官体验的能力，但在出生时却极为依赖和无助，并且这种状况持续的时间会比其他许多物种更长。我们大胆地假设，由此产生的缺憾本身可能是适应性的，因为挫折会促进想象的内在世界的形成，而这个世界又反过来推动了对象征性成就和满足的创造性发现。如果这个假设是正确的，我们应该预料到，人类的这种"不成熟"并不仅仅局限于婴儿期，也会延伸到童年后期。事实就是如此，要证明这一点并不困难。此外，到童年后期，这种"不成熟"仍然与在婴儿期一样具有适应性。

在解剖学层面，人们早就认识到，人类在成年后会继续表现出其他灵长类动物在胎儿期的特征，在成年的动物身上，这些特征通常已经消失或者被代替。我们可以找到各种不同的名称来描述人类的这一显著特点："幼态"（neoteny）、"胎儿化"（foetalization）或者"幼态延续"（paedomorphosis）。按照英国生物学家朱利安·赫胥黎（Julian Huxley）的说法，人类毛发的分布"与黑猩猩胎儿晚期的毛发分布极为相似，毫无疑问，它代表着类人猿阶段从暂时延伸到永久"。同样，人类的面部是平坦的，没有厚重的眉脊。人类的牙齿比较小，而且出牙时间较晚，这是另一个被保留下来的婴儿特征。特别值得注意的是头骨底部和脊柱之间形成的角度。人类几乎是90度，因此头骨在垂直排列的脊柱上保持平衡。而对猿类而言，只有在胎儿期才有这样的形态。成年类人猿的头部相对于脊柱向前伸得更远，因此需要更大的后颈肌肉组织来支撑它；对任何一个画过大猩猩或者模仿过其姿势的人来说，这个解剖学特征都是显而易见的。与这些解剖学上的不成熟之处相匹配的，是人类生长发育速度的普遍迟缓——相对于总的寿命来说，其生长发育相当缓慢。对大多数其他动物来说，从出生到性成熟的这段时间占其一生的十二分之一到八分之一。而对人类来说，这段时间如此漫长，以至于要占到一生的四分之一。许多父母悲伤地想到，把自己的孩子抚养成人需要投入那么多感情和金钱，他们可能会很乐意看到自己的孩子在更早的年纪成熟并独立。但是，如果人类达到成熟的时间提前了，就会错过许多使其成为人类和文明人的东西，因为文化的代价就是成熟的延迟。

就像性成熟的实现被延缓一样，大脑本身的发育也被延缓了。一只幼年黑猩猩会在出生后的 12 个月内完成大脑的发育，而大多数猴子只需要 6 个月就能完成这一工程。而人类在出生时的大脑体积只有成年大脑体积的 23%，并且他的整体发育一般要到 20 多岁才能完成。

这种解剖和生理上的不成熟期的延长，是与人类儿童依赖成人时间的相应延长相匹配的。童年期的延长在生物学上的目的是毫无疑问的。人类能够适应环境，是因为他具有学习能力和灵活性，并且其积累的文化可以部分"现成"地代代相传。人类之所以成为地球的主宰，并不是因为装备精良，实际上非常脆弱、手无寸铁，而是因为人类很聪明。人类对环境的适应是通过运用自己的大脑，特别是运用与语言有关的发达器官来实现的。为了充分地利用大脑，人类不得不停留在童年，因为儿童的灵活性、可塑性和适应性远远超过成人。因此，出于学习的目的，相对其他物种的不成熟阶段，人类保持相对较长的儿童状态显然是有利的。奥地利动物学家康拉德·劳伦兹（Konrad Lorenz）称人类为"非专业领域的专家"。人类持久的不成熟在这方面帮助了他，因为"长大成人"之后，他们会故步自封，无法掌握解决问题的新方法。

这种童年特征的延续存在的一个有趣的表现方式，就是人类从始至终偏好游戏。尽管各种动物在成年后还会继续玩耍，但通常比婴儿时期少得多。但是，人类在成年后继续玩各种各样的游戏，其程度远远超出了人们的预期。这与人类的创造性有关。正如许多科学家证明的那样，新思维的产生来自对旧思维的"玩味"。如果我们的想象并不兼具严肃性和游戏性，那么我们就枉为人类了。一些最具创造力和独创性的人物，例如英国天文学家、物理学家亚瑟·爱丁顿（Arthur Eddington）和英国科学家 J. D. 贝尔纳（J. D. Bernal），已经呈现出一种卡罗尔式[①]的幻想转向，这与他们的科学创造力密切相关。我们可以从《物理世界的本质》（The Nature of The Physical World）这本书中看到爱丁顿的智慧和想象力；在这一系列著名的吉福德（Gifford）讲座中，他向外行听众们阐述了现代物理学的基础。[②] 其他科学家并没有对科幻小说不屑一顾，比如英国天文学家弗雷德·霍伊尔（Sir Fred Hoyle）撰写了《黑云》（The Black Cloud）。在科学创造中，戏谑与严肃之间并非泾渭分明，这一代人认为只是幻想的东西，下一代人可能会把它变成现实。儒勒·凡尔纳（Jules Verna）和 H. G. 威尔斯（H.G.Wells）的科学浪漫小说中写过月球之旅，而这最终成了现实，这是超乎他们意料的。

　　人类另一个持久的童年特征是好奇心。在达到性成熟时，大多数动物表现出的好奇心会比幼年时减少。哈斯·汉斯（Hass Hans）在《人类动物》（The Human Animal）一书中写道："在性成熟后，学习者的好奇行为会减弱或者完全消失。"人类却并非如此，在成年后的很长一段时间内，他们仍然表现出旺盛的好奇心。如果他们没有这种好奇心，科学实验室大概就不会存在。好奇心一旦形成，可能会一直持续到老年。而且事实上，它往往是生活的调味品，"让人们继续前进"。人类具有对未来进行想象的强大能力，而对自己的预测是否正确的好奇，会让他

---

① 这里的卡罗尔指诺埃尔·卡罗尔（Noël Carroll），美国著名的经验论美学家和艺术理论家之一。——译者注

② 《物理世界的本质》一书系根据爱丁顿于 1927 年 1 月到 3 月在爱丁堡大学所做的吉福德讲座的教案扩充而成。——译者注

们保持活力。

　　毫无疑问，人类之所以取得如此巨大的成就，是因为他一直保持着"不成熟"的状态，因此灵活多变，能够继续学习。但人类成年之后，会面临一些不利于学习的因素。在很大程度上，我们可以根据人类对陌生环境的反应以及对关键信息的掌握来定义智力，而智力在达到顶峰后的几年内就开始下降了。根据智商测试的测定，人类的智力早在25岁左右就开始下降了。这种衰退可能是由心理和生理因素决定的。当然，人类可以终身学习，所以中年人在处理新任务时遇到的困难往往被夸大了。人类童年期延长带来的一个结果是，在适当的时候，他很容易退到孩子状态。权威人物已经深深地扎根于其内在世界，以至于他们很容易把自己投射到老师和老板身上。因此，一位中年男子可能会像任何一个小学生那样泰然自若地坐在夜校里，丝毫不觉得没有面子。他可以像小时候尊敬校长一样，对一位比自己年轻得多的老师表示尊重。然而，如果要证明这种学习方式是有效的，就需要一些心理退行，而无法暂时放下成人身份的学习者很可能会成为差生。要求高等教育的所有文明似乎经常发生学潮，其实就与这个心理问题有关。我们要求学生们像成人那样有责任感、独立自主，但与此同时，我们又让他们保持"幼稚"的状态，坐在教授们身边接受他们的耳提面命。由于这些要求在某种程度上是互相矛盾的，特别是在尚未完全进入成年的年龄，因此产生冲突也就不足为怪了。如果一个人已经进入成年阶段好几年了，那么他就可以更加轻松地退行到童年的"学习"状态，而不会觉得丢面子。尽管存在很多实际的困难，但在高中毕业和进入大学之间留出一两年的时间是很有道理的。在这段时间里，青少年可以作为一个成年人取得成功。这样，当他进入大学时，在情感上往往能更好地接受自己重回学生的身份这一事实。事实上，这种情况在第二次世界大战结束之后的几年里确实发生过，而在这个时期，大学生取得了很多创造性成就。

　　当然，性成熟通常被认为是达到成人地位的标志。在那些比我们更原始，也许在情感上比我们更现实的民族中，从孩童到成人的过渡是以仪式为标志的。在西方社会，这样的仪式以弱化的、精神化的方式存在于坚信礼和成年礼中。或许，现在我们应该认为，大学毕业或者取得更高的学历证书所代表的意义与过去的宗教仪式相同。无论如何，我们的仪式与我们的文化现实是不协调的。这是因为，尽管一个年轻人可能会在青春期后不久就开始性活跃，但由于文明社会的迫切需要，他必须继续接受教育，并因此停留在依赖的位置，其时间远远超过在原始社会其性状况所允许的时间。

人们很容易将现代西方男性的性问题归咎于他们的文化——事实上，我在第十章也这样做了。在第十章，我把我们自己对儿童性行为的态度与马克萨斯人更为包容的做法进行了对比。我们的社会在这方面确实有很大的改进空间，但这不可能是事情的全部。像奥地利心理学家威廉·赖希（William Rai）这样的改革者相信，如果西方社会的性观念能够改变，我们就可以消除神经症问题。我们只能认为，这种想法过于乌托邦。关于人类的性发展，存在着一种非常奇特的现象：困扰着人类的性方面的困难，在相当大的程度上并不是文化禁锢的结果，而是这个物种本身的特殊性造成的。

弗洛伊德对这一点非常清楚——他一贯很有先见之明。在他最后一本尚未完成的著作《精神分析纲要》（*An Outline of Psycho-Analysis*）中，他写道："我们已经发现，在童年早期就有性活动的身体标志，只有古老的偏见才会对此矢口否认。这些标志与我们后来在成人的性爱生活中遇到的精神现象相联系——像执迷于特殊的对象、嫉妒等。可是，我们进一步发现，这些出现在童年早期的现象，构成了有序的发展过程的一部分。它们历经有规律的增长变化，在5岁末达到高峰，其后紧接着间歇期。在间歇期，进展停顿下来，许多东西都被忘却了，并且有很大的倒退。在这个所谓的潜伏期结束之后，人们的性生活便随着青春期的到来东山再起，可以说是二度开花。在此，我们遇到了这样的事实，即性生活的发动是双相的（diphasic），它以两个波浪的形式出现——这是人类所独有的，并且显然对人类化过程（hominization）有着重要的影响。"在这本书的一个脚注中，弗洛伊德提到了一个假设，即人类来自一种哺乳动物，这种哺乳动物在5岁时就达到了性成熟，但是，其性发展的直线进程却被某种未知的外部影响打断了。

弗洛伊德假设这种现象是"人类所独有的"未必是正确的，尽管在人类身上它肯定表现得比其他物种更充分。顺便说一句，我们可能会注意到，弗洛伊德出生得过早，这是我们时代的一个重大损失。如果他了解现代生物学和动物行为学的思想，我们就会从他那里获得一套不同的、更加完整的综合理论，而在这套理论中，生物学和心理学必定会达到更加完满的统一。英国人类学家亚历克斯·康福特（Alex Comfort）用截然不同的语言表达了与弗洛伊德相同的观点："经过一个相当快速的发育成长阶段，人类儿童在大约5岁时可以走路、说话，也已经断奶，但仍然完全无法照顾自己，之后其发展曲线趋于平缓，生长的速度放慢，直到青春期之前。在青春期，他会经历一次短暂的加速期，最终拥有成人的体形、性成熟和智力。这就好像在人类的生长曲线中插入了一个平台期，从而让童年不成比例地延长了。在低等灵长类动物的生长曲线中，可以看到这个平台期的痕迹，但只有在人类身上才能看到它完整的轮廓。"

正如我们看到的，潜伏期的一个目的是毋庸置疑的。大自然让人类幼儿在一段异常漫长的时间内处于依赖状态，从而为学习和文化的传播提供了必要的时间。如果一个孩子在5岁，甚至是八九岁就达到了性成熟（这个年龄实际上更符合基于婴儿生长曲线所做的推断），那么他的学习能力和文化传承能力无疑会大大减弱。此外，在潜伏期，父母的外部调控被超我的内部控制所取代。伴随这种替代而来的是自发性的减弱，而自发性是幼儿期非常典型和迷人的一个特征。许多热心的改革家希望，可以通过采用更开明的教育方法保留这种自发性，但这只能在非常有限的范围内实现。因为自发性的本质就是根据瞬间的冲动展开行动或者表达出这种冲动，这是一把双刃剑，既有其魅力，同时也很危险。大多数暴力犯罪、危险驾驶罪和性犯罪都是由精神变态者犯下的，他们没有发展出进行内部控制的超我，因此他们的行为是根据当下的冲动做出的，无论是好是坏，都带有童年期的自发性。

根据弗洛伊德的理论，潜伏期开始的标志是俄狄浦斯情结的消失。换句话说，婴儿期指向父母的爱、恨、嫉妒和感官投入的热情，变得不再那么强烈。从生物学角度来看，俄狄浦斯情结似乎是一种奇特的现象，它的作用并不那么显而易见。粗略地看，它似乎缺乏适应性，因为它主要与对父母形象的生理冲动有关，这种冲动通常是无法得到满足的，而且即使能得到满足，也不会导致生育。相比之下，在人类以外的动物身上很少看到婴儿期性欲的迹象，尽管英国生物学家珍·古道尔（Jane Goodall）在雄性黑猩猩身上发现了这种迹象。然而，正如弗洛伊德所证明的那样，人类儿童会表现出成人性欲的不成熟前兆，包括口欲、肛欲和性器欲。这些冲动主要指向异性父母，或者与异性父母有关。亚历克斯·康福特提出了一个有趣的观点，他认为性冲动之所以会过早地发展，是因为人类性欲已经"提前"到了童年期。从生物学角度看，这是完全说得通的。由于人类漫长的不成熟阶段，以及学习的适应性需要，所以必须做出某种安排来确保年轻的男性在很长一段时间内继续爱自己的母亲，以便和她在一起，同时又避免将她作为性对象。俄狄浦斯情结最典型的特征是对异性父母的强烈依恋与强大的警告装置同时存在，精神分析将其概括为"阉割情结"（castration complex）。可以肯定的是，大多数成人的性困难最终都可以用过度强调警告机制，因而牺牲了依恋机制来解释。因此，那些在童年期被母亲拒绝，没有从母亲那里得到足够的身体爱抚的男性，在成年后会发现，异性给他们带来的恐惧压倒了她们的吸引力。结果，他们很可能会阳痿，或者成为同性恋者或性倒错者。它们大都是相当复杂的安慰手段，目的是减轻恐惧，从而使性欲的表达成为可能。同样，女性的同性恋和性冷淡通常可以追溯到对男性的持续恐惧——男性被女性无意识地视为强大的、惩罚性的"父亲"，因此有可能给女性带来伤害和破坏。

我们的假设是，人类的童年早期和婴儿期在本质上是令人沮丧的，这一假设得到了充分的支持。性欲"提前"到了童年期，再加上对儿童依赖状态的强化，会造成一种情况，即孩子会经历一种本能的强烈冲动，除非打破亲子乱伦的禁忌，否则这种冲动是无法得到满足的。精神科医生看到，亲子乱伦有时会对孩子争取独立和成熟的斗争造成不良影响，因此他们非常了解坚持乱伦禁忌的有力理由。

在讨论婴儿期的挫折时，我主要关注的是支持分裂样或者躁狂－抑郁人格结构，并促进想象的内在世界形成的"精神病理"的类型。在第六章和第七章，我研究了具有这些人格结构的人被迫采用的创造性解决方案的类型。歇斯底里和强迫性人格结构发源于性器期，在第二章和第八章，我们已经对具有这些人格特征的人所偏好的创造类型进行了讨论。

俄狄浦斯期会带来挫折，这一事实会迫使孩子的热情转向父母之外的其他渠道。人类心理最有趣的特征之一，就是其有能力对人以外的事物产生热情。这种能力很早就存在了——在俄狄浦斯情结被认为完全起作用之前。但是，俄狄浦斯情结显然强化了这种能力，当潜伏期来临，俄狄浦斯情结有所减弱时，这些不怎么围绕个人的热情就有了充分的机会变得更加牢固。对创造性人才的研究表明，他们的主要兴趣通常在幼年时就确立了。正如罗莎蒙德·哈丁（Rosamond Harding）在《灵感的剖析》（*An Anatomy of Inspiration*）一书中所写："天才的男性或者女性总是具有高超的技巧和独创性。技巧通常是从小培养起来的。未来的诗人从孩童时期就开始写诗，而未来的艺术家从会拿铅笔时就开始画画。"即使像乔治·艾略特这样直到中年才真正开始创作生涯的人，也在童年时为未来埋下了伏笔。尽管在这位小说家 38 岁时，《布莱克伍德爱丁堡杂志》（*Blackwood's Edinburgh Magazine*）才刊登了她写的《文学生活场景》(*Scenes from Clerical Life*)，但是众所周知，她在童年时就写过小说和诗歌。毕加索在还不会说话时就会画画了，他学会的第一个音节是"piz"，是铅笔"lapiz"的简称。莫扎特 4 岁时就开始作曲了。同样在这个年纪，匈牙利钢琴家贝拉·巴托克（Bela Bartok）可以凭记忆弹奏 40 首歌曲——仅仅用一个手指！

如果我们同意婴儿期的缺憾是为了适应环境，那么我们就不难接受，俄狄浦斯期所固有的挫折也有同样的作用。同样，我们可以看到，通常被轻蔑地贴上神经症标签的前生殖期特征的持续存在，也可能会促进人类进行创造性的、象征性的努力和融合的倾向。

当弗洛伊德第一次发现，神经症总是伴随着病人性生活的困扰，而这种困扰是由于无法摆脱某些幼年期的前生殖期固着时，他就走上了一条通向这样一种假设的道路：如果患者能够通过精神分析克服这些固着，并获得正常的、完全令人满意的生殖期关系，那么他就会彻底被治愈。"生殖期至上"（genital primacy）虽然被认为是一种理想，就像情感成熟、整合、自我实现或者顿悟一样，几乎不可能完全成为现实，但仍然是精神分析的隐含目标。精神分析学家也仍然相信，一段完全成熟的、令人满意的性关系会给人带来莫大的满足和无上的幸福感。的确，弗洛伊德在他的幸福标准中加入了工作的能力，但他对工作的探索并不像对性的探索那样投入。据他自己承认，在他的后半生，性几乎没有给他带来什么满足，而工作显然给他带来了很多，这让人有些惊讶。

尽管弗洛伊德认为，在理想情况下，每个人都应当经历和克服婴儿期性欲的各个阶段，但他当然也会意识到，这基本上是无法实现的。毫无疑问，他肯定会宣称，大多数人在某种程度上都是"神经症的"。

弗洛伊德写道："完整的组织是在青春期，即第四阶段生殖期达到的。那时所形成的状况是：（1）某些早期的力比多贯注（cathexis）得到了保留；（2）其他的活动则作为预先的、附属的活动被纳入性功能，它们产生的满足就是所谓的前期快感（fore-pleasure）；（3）还有一些冲动被排斥在组织之外，它们或者完全被抑制了（受到压抑），或者以另一种方式受雇于自我，不是形成性格特质，就是随其目标的转移而经历了升华。"（对"cathexis"这个词最好的定义是情感贯注。一个人或者物体在情感上变得重要，就被称为受到主体的"情感贯注"。在这段话中，弗洛伊德的意思是，即使已经到了青春期，嘴巴、肛门等部位仍然保留着一些情感意义。）

从这段叙述中可以清楚地看出，弗洛伊德认识到，大多数人很可能都带着一些婴儿期未满足的（可能是无法满足）冲动的残余进入成年生活。他接着说："这个过程并不总是进行得完美无缺，其发展中的抑制作用本身就表现为性生活的多种失调。当出现这种情况时，我们会发现，力比多固着于早期情境而不受正常性目标支配的冲动被描述为倒错。"

尽管意识到了这一点，精神分析学家仍然相信，在情感发展的理想条件下，所有的前生殖期冲动和俄狄浦斯冲动最终都应该以这样或者那样的方式得到释放，而真正的幸福只有通过性快感才能获得。婴儿期和童年期的情感特征的持续可能有着积极的作用，这个想法似乎已经被他们忽视了。还有一种观点认为，即使进入了生殖期阶段，建立了令人满意的性关系，可能仍然不能完全满足或者解决人类的缺憾。

在第一章，我引用了埃斯勒博士在关于达·芬奇的著作中提出的观点，即如果一个天才充分地享受了性生活，就不可能取得创造性的成就。他写道："能量将从艺术创作转而流向客体关系。因此，只有对永久客体的依恋受到阻碍，对客体的强烈渴望才会产生，而这种渴望会让他们替代性地创作出完美的艺术作品。"

这句话所隐含的意思是，"客体关系"是如此令人满意，以至于一个人不需要其他任何东西就能获得幸福，而且，所有的前生殖期冲动都可以在足够好的客体依恋中得到满足。然而，正如我们看到的，这两种假设都是值得怀疑的。有很多这样的例子，可以说明艺术家似乎享受着完全令人满意的性关系，但仍然执着地追求自己的艺术。在第三章，我引用了维特科夫尔夫妇研究艺术家的著作《土星之命》。他们证明了艺术家的情爱生活呈现出各种各样的面貌，也有人保持着幸福的婚姻。而且，我们也不难证明，儿童的口欲期、肛欲期和性器期从来都没有被完全整合，但却持续地对成年期的行为产生影响。例如，口欲期表现为各种形式，从通过吸烟和咀嚼糖果来获得乐趣而不是为了饱腹，到难以抑制的、对"海洋般"自我迷失感的渴望。如果我们不坚持"肛欲"，文明就很难延续下去；随之而来的是对秩序的需要，对肮脏的极端厌恶，以及对组织和控制的渴望。而我们之中，又有谁能摆脱性器期所特有的表现欲呢？我们都喜欢吹嘘和炫耀，用我们取得的成就——我们的"影响力"——给别人留下深刻的印象。简而言之，我们中没有一个人能完全地将婴儿期的性欲融入成人的爱情关系中。

当刚果拥有两只雌性黑猩猩之后，它就不再绘画了。也许黑猩猩比人类更擅长整合婴儿期的性欲，并在成年后的"客体关系"（或者可以说，在刚果的例子中是两个客体关系）中得到满足。无论是否如此，毫无疑问的是，人类生来就不得不寻求象征性的解决方法和理论，而这个特点源于一种帮助他更好地掌控自己所处世界的适应手段。发明创造一方面源于需要，另一方面则是源于人类漫长的不成熟阶段所带来的缺憾。

第十四章

饱满的热情

在上一章,我顺便提到了人类的一个特点,就是他们能够对非个人的、抽象的事物,以及其他人产生热情。诚然,黑猩猩刚果表现出了这种能力的原始形态;但是,正如我们看到的,它对绘画的兴趣在自己获得性爱之后并没有维持下去。人类却不是这样,终其一生,都会对与肉体情欲没有明显或者直接联系的各种各样的事物充满热情。在本书中,我主要关注的是艺术和科学假设。我们已经看到,人类对艺术和科学的热情在生物学上是可以解释的。当然,科学和艺术并不是仅有的需要投入情感能量的领域。从宗教到体育,从园艺学到语言学,人类对各种各样的思想和主题都充满热情。这里的人类并不仅仅指那些具有创造力和原创性的人,哪怕作为一位旁观者、倾听者或者被动参与者,人类可能也会在他们感兴趣的任何领域投入相当多的力比多。本书主要探讨是什么力量驱使着那些极富创造力的人;但很明显,并不是只有他们才会将情感能量投注于身外之物。如果这样的话,就没有人欣赏他们的发现和创造了。

人们可能会认为,与以后的任何阶段相比,人类在婴儿期完全是一种"物质的"(physical)存在。然而,人类将对力比多的兴趣从身体转移到其他事物上的倾向,其实在极小的年龄就已经显现。温尼科特是唯一一位关注到这一点的精神分析学家,他在一系列有趣的论文中研究了所谓的"过渡性客体"(transitional objects)。之所以称为"过渡性客体",是因为它"代表了婴儿从和母亲共生的状态，过渡到和母亲保持联系但将其视为独立的外部事物的状态"。这类物品可以是柔软的玩具、毯子、床单，或者所有可以被吮吸和拥抱的东西。这些物品对孩子来说非常重要，他不愿意离开它们，特别是在晚上睡觉的时候，以及他可能会感到孤独或者焦虑的时候。大多数母亲都能认识到这些物品的重要性，允许孩子拥有和使用它们，并且在孩子不愿意清洗、拿走或者以任何方式改变这些物品的时候表示同意。正如温尼科特所说："显而易见，一块毛毯（或者别的什么）是部分客体的象征，例如乳房。然而，重点不在于它的象征价值，而在于它是真实的。尽管是真实的，可它却不是乳房（或者母亲），而是乳房（或者母亲）的重要象征。"温尼科特写道：

> 当象征被使用的时候，婴儿已经可以清晰地辨明幻想与现实、内部和外部客体、原始创造和知觉。我想说：过渡性客体给婴儿提供了一个空间来接受差异和共性。我想这个术语描述了象征主义的根源，是对婴儿由主观发展到客观的描述；在我看来，过渡性客体（诸如毛毯）就是通往体验的发展旅程的必需之物。

在第十二章，在提到婴儿想象的内在世界的形成时，我讨论了这样一个假设：因为乳房并不总是可以获得的，所以婴儿会想象或者幻想它。我还说过，乳房、后来的其他事物及完整的人的"好"与"坏"的形象，都会作为"内在客体"保留在孩子的内在世界。过渡性客体最有趣的地方在于，它们不是内在客体，因为它们显然是外在于孩子的真实存在。然而另一方面，它们也不是母亲或者乳房，而是其象征。它们是内在的、主观的想象世界与真实的外部世界之间的媒介，被假定可以与其他人共享。它们也被赋予了安慰、支持、保护等情感，这些情感与母亲的存在以及与母亲的身体接触有关。就人类发展而言，过渡性客体最早证明了人类喜欢将热情投注于人或者身体以外的事物。

婴儿对过渡性客体投注的热情当然是"前生殖期"而不是"生殖期"的。客体代表或者象征着婴儿对乳房本身，以及与之相随的情感陪伴带来的舒适和安全。有趣的是，幻想或者使用自己的身体并不足以给这类婴儿带来满足。而未曾使用过渡性客体的婴儿，可能会吮吸拇指或者玩弄生殖器来获得安慰。在人类行为的这一基本未被探索的领域，很难确定为什么有些孩子会对客体产生这样的情感依恋，而有些孩子则不会。然而，使用过渡性客体极有可能是健康的标志。拥有一个与外部世界完全脱节的内在世界，总是件不那么令人满意的事，甚至会招致危险。对精神分裂症患者来说，找不到内在世界与外部世界的任何联系是一种永久性的威胁。因为做不到这一点的话，生活就会变得毫无意义。如果没有对外部世界投入情感，那么在他的内在世界，现实就会变得相当平淡乏味，就像音乐之于音盲、红绿色之于色盲一样毫无意义。由于过渡性客体是内在世界与外部世界之间的一种联系，既不完全属于任何一个世界，又是两个世界的一部分，所以我们可以假设，过渡性客体是一种进步，超越了与外部世界毫无关系的幻想。

精神分裂症患者无法在内在世界和外部世界之间建立任何联系，这完全是一场噩梦。当精神分裂症患者用自己的内在世界代替外部现实时，就陷入了"疯狂"，很明显，普通人既不能按照他的方式去看待事物，也无法理解他。一般来说，他们都有一段很长的前驱史，无法从外部世界寻求满足，与此相应，他们会非常专注于幻想。有趣的是，人们很早就认识到，精神分裂症患者在使用象征方面存在特殊的困难，而这些象征可能会为他们创造连接内在世界和外部世界的桥梁。强调语言隐喻性使用的测试显示，精神分裂症患者无法将自己从具体的事务中解放出来。因此，如果被问及"滚石不生苔"这句谚语的意思，精神分裂症患者会回答："一直滚动的石头上面不会长苔藓。"他只能看到这句谚语的字面意思，无法把石头的运动和某些人的躁动不安联系起来。

正如我们看到的，内在世界和外部世界之间的某种分裂是人类共有的，而弥合这一鸿沟的需要正是创造性努力的源泉。当一个人的内在世界和外部世界之间的裂痕特别大时（就像我们在牛顿、爱因斯坦和笛卡尔的例子中看到的那样），我们就认为他拥有分裂特质。只有一个包罗万象的框架，才足以弥合如此巨大的裂痕。对他们来说，理论假说所起的作用与婴儿的过渡性客体相似，因为他们的理论既与自己的内在世界有关，也与外部世界有关，所以我们将他们归为具有创造性天赋的人。如果与现实缺乏联系，那么他们的假说就无异于精神病患者的妄想。

在性倒错者中，我们可以找到人类喜欢将热情投注于其他事物的例子。这个话题与我们的主题相关，因为弗洛伊德写道："在很大程度上用于文化活动的是那些被压制的性兴奋的'倒错'因素。"温尼科特在其著作中，多次将过渡性客体与恋物癖联系在一起；事实上，前者有时可以变成后者，尽管是在儿童发展的晚期阶段。他还提及，一个被母亲忽视的孩子从她的梳妆台上偷走手镯，并带着这件小饰品上床睡觉，以此获得替代性的安慰。成年后，如果他想要达到充分的性唤起，就必须为他的女友戴上手镯。

乍看之下，许多性倒错者的幻想可能会被认为是创造性的一种基本形式。我在第二章指出，伊恩·弗莱明的作品中包含很多施虐-受虐的题材。我还注意到，可以在康拉德的小说中发现他对性倒错的兴趣——他害怕强势的女性，迷恋鞋子和头发。不过，尽管在伊恩·弗莱明的作品中，这些性倒错的元素是显而易见的，在露骨的色情作品中更是如此，但是，我们必须把这些元素从康拉德的小说中剥离出来，因为康拉德已经把它们变成了更大整体的一部分。艺术作品确实不同于手淫幻想，尽管人类经验的共同元素都参与到两者之中。贝拉斯克斯（Velasquez）的《洛克比·维纳斯》（*Rokeby Venus*）和戈雅（Goya）的《裸体玛雅》（*Naked Maja*）都是赞美女性裸体的画作，但不会让人们在欣赏这些画作的时候自慰。然而，色情杂志上的裸体显然会起到这样的作用。虽然这些裸体是被拍摄下来的图片，但它们一点都不真实，而是拟人化（personified）的幻想。色情图片让人们远离现实，而不是贴近现实，而伟大的艺术却会提高我们对现实的鉴赏力。而且，在《洛克比·维纳斯》和《裸体玛雅》这样的画作中，性本身成了更大整体的一部分。在这个整体中，性与美结合在了一起。当然，也有一些绘画既不属于艺术作品，也算不上色情，而是介于两者之间。例如，威廉·拉塞尔·弗林特爵士（Sir William Russel Flint）的画作虽然让人浮想联翩，但还没有粗糙到可以被贴上色情标签的地步。他的技巧娴熟，但缺乏可以让其作品成为艺术的精神或者美学内涵。

尽管性倒错可能被认为是创造性的萌芽，因为其大部分内容都是象征性的，并且试图将力比多从身体移置某种思想上，但实际上它是毫无新意的。没有哪一种文学作品能比色情作品更刻板、重复和无聊。有人可能会说，各种形式的施受虐、恋物癖和其他类型的性倒错幻想，让主体的内在世界与现实世界建立了联系，从而实现了我们所说的一种有价值的功能，过渡性客体、科学理论、艺术作品等都有这种功能。但实际上，情况并非如此，因为其最终的结果是自慰，而不是关系。并且，即使这些幻想似乎是用来加强成人的性关系，情况也往往如此——很多性交更像是手淫，而不是真正的性交。

在这方面，温尼科特的观察很重要。他认识到，创造性和游戏之间有着密切的联系，并把两者都分配到主观和客观之间的"过渡"世界，我们在本章和前一章对此进行过讨论。他同样不满精神分析关于升华的简单化观点，即认为创造性活动是本能表达的直接替代品。关于游戏和手淫，他是这样写的："在精神分析的著作和讨论中，游戏的主题与手淫和各种刺激感官的体验联系得太紧密了。面对手淫时，我们总是想：幻想是什么呢？而且，当我们目睹游戏时，会疑惑身体的刺激与我们所目睹的游戏种类之间的联系是什么。因此，我们需要把游戏本身作为一个课题来研究——作为本能升华概念的补充。"他还写道："如果由于我们在意识中将两种现象（游戏和手淫）联系得太紧密而错过什么，这很正常。我曾试着指出，一个孩子游戏时根本没有手淫；或者换句话说，当一个孩子游戏时，本能涉及的身体冲动一旦变得明显，游戏就结束了，或者至少被破坏了。"

因此，自慰充当了短路的角色。就艺术和游戏都是一种升华而言——没有人会否认这是它们功能的一部分——自慰对这个过程是有害的。它并没有把幻想与外部现实联系起来,而是更多地把主体拉回到他自己和他的内心世界。在临床实践中,性生活局限于幻想的人并不罕见。这些幻想往往非常精细复杂,以至于人们不禁感到,它们蕴藏着小说或者其他创造性作品的胚芽。但是,它们引起的却是直接的身体兴奋,这种兴奋通过手淫释放出来,这一事实意味着它们从未经历转化和整合的过程,而这一过程可能会使它们成为艺术作品。这就是上文所引用的弗洛伊德观点的解释。正是对"性兴奋的'倒错'因素"的抑制而不是表达,可能为文化提供了某种动力。世界各地不同民族对手淫的厌恶或者蔑视,是基于一种未完全成型的认识,即手淫是一种通过短路来释放冲动的幼稚的方式,如果这些冲动没有被驱散,就可以创造性地加以整合。赫伯特·里德认为,"创作产生于遏制,产生于强加的纪律"。

鉴于刚才关于自慰的讨论,有些人可能会认为成年人的异性恋关系本身就是"反文化的"。的确,这就是精神分析学家埃斯勒的观点,我已经引用过他的断言,即如果一个天才充分地享受了性生活,就不可能取得创造性的成就。然而,正如我们看到的,事实并非如此。事实上,情况可能恰恰相反。性生活不幸福的人,往往会沉迷于性而罔顾其他一切。他们很难集中精神,难以摆脱性幻想的持续侵扰,尤其难以从事创造性工作,因为这需要自我的约束,而不是任何外部权威的管束。的确,许多创造性人才在性方面并不快乐;但也有很多人是幸福的,而那些没有获得幸福的人,如果他们的性欲得到了满意的释放,很可能会取得更多成就。激发创造性的不是对成年性欲的压制,而是对其童年性欲的压制。埃斯勒的错误之处在于,他认为被压制的童年性欲能够在成人的性关系中得到满足。事实上,一个人可以拥有一段幸福的、令人非常满意的异性关系,但仍然会因为童年时期残留的、被带入成年期的缺憾而去创造,只有通过象征性的方式,这种缺憾才能得到解决。

弗洛伊德提出的前生殖期阶段在我们每个人身上都留下了痕迹。正如我们看到的，婴儿在刚出生时还不能把自己与母亲区分开来，因为不久之前，他们还融为一体。人类一直想要在更大的整体中"迷失自我"，原因正在于此。他们想要被"带走"；失去自己的身份；卸下奋斗的重担；甚至死亡，然后重归茫茫宇宙。这些都是普遍的渴望——或许是一种倒退的渴望，并且它们常常是艺术的原动力。

因为太过热爱生活，

因为想从希望和恐惧中解放，

我们致以简短的感恩。

不管神是什么，

没有生命是永恒的，

死人永不复活。

即使是最疲惫的河流，

也会蜿蜒到安全之处入海。

英国诗人阿尔加侬·查尔斯·斯温伯恩（Algernon Charles Swinburne）的著名诗句看似平淡无奇，却完美地表达了死亡愿望的变化形式，即放弃维持独立存在的努力，再次融入母性的海洋的渴望。只要生命本身还存在，我们就只能象征性地处理这种愿望；但我们并不难发现它对艺术的影响。同样，对过去的怀念，尤其是对想象中的"童真"的怀念也代表着一种愿望，一旦确立成人的身份，这种愿望就永远无法实现，但它却为舒伯特及后来无数的艺术家带来了灵感。这些愿望源自弗洛伊德所说的口欲期；而且，在传统的精神分析精神病理学中，前面章节提及的分裂和躁狂－抑郁现象也源于这些愿望。

创造性的组织方面源自弗洛伊德理论中的肛欲期，包括从混乱中建立秩序的愿望、完全控制的愿望，以及回避无关紧要的、无序的和令人厌恶的事物的需要，还有追求完美的努力。在第八章，我们考察了创造性与强迫性人格的关系。生活本身永远不可能像我们在童年时希望的那样井然有序——那时我们努力寻求安全感；但是，在象征的领域，我们可以比在现实中更接近这种完美。

在创造性的表现欲中，我们可以看到性器期的影响，这种表现欲是指对坚持主张、证明自我、竞争和展示的渴望。很少有人（如果有的话）能在成年后达到百分之百的自信，不需要保留一些童年时期的性器期愿望；而象征领域为他们的表达提供了载体，这是现实生活经常无法做到的。

在本章的开头，我谈到自己的观察，即人类内心不可避免地承受着缺憾，这种缺憾迫使他寻求象征性的解决方案，因而对与本能无关的各种各样的事物充满热情。当然，这些事物并不需要最高层次的创造性。即使是像集邮这样普通的爱好，也可以为安排、指挥和控制的愿望提供机会，为竞争和展示提供机会，因此人们才会充满激情地参与其中。似乎有些矛盾的是，人类对情爱本身也有着"饱满的热情"（disposable passion），它往往充满那些与童年期未解决的困难，而不是成人性关系有关的情感。事实上，大多数婚姻问题的根源都在于这样一个事实：夫妻中的一方或者双方对另一半的期望，恰恰是他们作为孩子希望从父母那里得到的，但不该是一个成人向另一个成人提出的要求。一个明显的例子是，其中一方总是过于依赖，需要大量的情感支持和安慰，但自身却不够成熟，无法给予对方同等的回馈。

如果没有人试图在成年后通过婚姻和其他关系来弥补童年的失望，那么精神科医生和婚姻指导顾问的工作量就会大大减少。不幸的是，要意识到自己正在这样做，需要比大多数人更有自知之明。人们也没有普遍认识到，解决这种失望的最好的方法（也可能是唯一的方法）就是通过象征。在这里需要重申的是，精神分析本身就是一个象征性的过程。分析师实际上无法取代父母，也无法弥补过去，只能提供象征性的解决方案。尽管如此，这些方案可能是非常有效的。

狂热的迷恋，也就是"坠入爱河"的状态，也代表了一种境况。在这种境况下，表面上的成人爱情关系被赋予了各种情感元素，这些元素并不一定属于成人的爱情关系，归根结底来自童年。毫无疑问，建立在对另一个人的现实评价和接受基础上的爱情关系，是人类幸福的主要来源之一。但"坠入爱河"与此大不相同，它被普遍认为是一种脱离现实的心理状态。事实上，弗洛伊德甚至把这种兴奋的状态称为"正常人的精神病"。他看到，就像精神分裂症患者用内在世界代替现实世界并因此变得"疯狂"一样，痴情的恋爱者也会把来自内在世界的形象投射到所爱之人身上，而这个形象与被投射者几乎没有关系。恋爱者也是"疯狂的"，尽管是在一种更局限的意义上——他为一个人而疯狂，自欺欺人地以为这个人就是生活的答案，是他所有情感需求的答案。

在第十二章，我提到每个人的内在世界都有一个特征，但这个特征在分裂特质者身上表现得更加明显，更少受到现实的修正。这个特征就是把人的形象绝对化地分为好与坏、黑与白、英雄与恶棍、圣人与魔鬼。人们认为，这些形象可能是与生俱来的原型，也可能来自幼儿时期的早期经历，那时孩子还没有意识到，养育自己的好母亲可能也会拒绝他，让他感到失望。这些形象在现实中没有立足之地；但是，痴情的恋爱者却把一个完美得不可思议的理想化形象投射到所爱之人身上，认为这个人不仅美丽，而且慷慨仁慈、善解人意、智慧过人，他/她可以完全地接纳自己，拥有一切可以想象的美德。显然，没有一个人能真正地达到这样的理想境界，但这些被投射的形象却拥有一种不可抗拒的情感力量，因为他们深深地触动了我们的内心。而当我们在舞台上看到他们的化身，或者在诗歌中读到他们时，他们似乎是永恒的、遗世独立的——事实也的确如此。在奥赛罗（Othello）心中，苔丝狄蒙娜（Desdemona）是完美女神的化身，而他自己就是理想化的英雄形象，因为他光明磊落，对自己的爱人非常信任。而伊阿古（Iago）与他完全相反，是邪恶的"理想"化身，他满怀纯粹的恶意，没有任何美德来矫饰或者淡化自己的嫉妒、仇恨和猜疑。从某种意义上说，冲动的化身，而不是真实的人，往往更容易打动我们，这令人感到奇怪。不过这是因为，这些冲动实际上是我们自己的，而另一个人总是某个"他者"，而且也比这些形象更复杂。恋爱者爱上的永远是自己的主观感受，而不是承载他/她投射的那个人。

事实上，无论恋爱者在那一刻感到多么欣喜若狂，狂热的迷恋实际上都有幼稚的一面，也有本质上的耻辱。因为他不可避免地要依赖"理想化"的对象，并受其摆布。没有人比恋爱中的人更容易受到伤害，除非是新生儿。虽然大多数人对此都有一种直观的认识，这使得他们温柔地对待与自己相爱的人，但这并不是一成不变的。如果"理想化"的对象突然变得残忍，并且利用恋爱者的脆弱，由此产生的幻灭感实在是一场巨大的灾难。

浪漫的迷恋与创造性有关，因为有时可以看到前者取代或者干扰后者。人与人之间的真爱不会给创造性带来干扰，但"正常人的精神病"必定会影响创造性。尽管浪漫的爱情一直是许多创造性作品，尤其是抒情诗的灵感来源，但在爱情几乎没有实现机会的情况下，迷恋似乎可以成为生活最圆满的答案，以至于其他一切，包括对创造性的追求都变得多余了。事实上，在迷恋的过程中，这似乎是常有的事。只有在幻灭之后，象征化和整合的创造性任务才能重新开始。有一位音乐家，从他童年时代起，音乐就对他至关重要，但当他发现一种狂热的迷恋让他在短期内觉得音乐对他几乎毫无意义时，他对自己的经历产生了怀疑。一旦这种迷恋成为过去，一切又回到了它们应有的位置——性爱是重要的，但并不是所有的一切，音乐再次成为理想的宝藏库，成为内在世界和外部世界之间的纽带。

罗伯特·勃朗宁（Robert Browning）在与伊丽莎白·巴雷特（Elizabeth Barrett）结婚后的头三年里只写了一首诗。诚然，他对待她的态度更像是对待母亲，而不是妻子。（他写道："你要为我着想，这是我的命令！"）但即便如此，这也是一个典型的例子，表明对人的理想化干扰了创作。有证据表明，伊丽莎白·巴雷特对她丈夫的卑躬屈膝感到不耐烦，并希望他不要那么关注她，多进行创作。然而，有一段时间，他们之间的关系完全占据了他的生活（这种关系包含婴儿期和成人期的爱），以至于其他一切，包括与其他人的关系都显得不必要了。对男性来说，女性形象通常是灵感的化身。创作者把自己的情人与灵感之神缪斯混为一谈，这种情况并不少见，但通常是灾难性的。前者属于外部世界，后者则属于内在世界。一般来说，最好把两者分开，让她们各司其职。

众所周知，当浪漫的爱情在现实中遇到阻碍时，爱情之树反而会茁壮生长。因此，不鼓励两性交往的文化，会鼓励浪漫爱情的发展。它似乎不太可能存在于像马克萨斯人那样的文化中，因为在那里对性的表达几乎没有什么限制。尽管如此，西方浪漫主义传统认为"坠入爱河"是一切情感问题的解决之道，这种观点是不现实的，也是有害的——这是一种被无数小说、电影和女性杂志培育出来的幻想。

尽管弗洛伊德本人绝不是一个浪漫主义者，但正如我们看到的，他和随后的精神分析学家提出了一个关于生殖期的理想——弗洛伊德认为这是性和情感发展的最后阶段。在这个理想中，所有的前生殖期性欲在理论上都可以被包括在内，而且，从理论上讲，这似乎预示着人类缺憾的终结。有些精神分析之所以持续了这么长时间（有些持续了20年甚至更久），很可能是因为双方都在追求一个不可能实现的理想。如果更多地关注以创造性的方式解决神经症问题的可能性，可能会取得更好的治疗效果，对于分裂样人格障碍和强迫性人格障碍来说尤其如此。

当然，大多数神经症患者是无法成为艺术家的。在本书的第一章，我引用了弗洛伊德在《文明及其缺憾》一书中提出的观点：艺术家在创作时感到的快乐，科学家在解决问题时感到的快乐，只有极少数拥有特殊天赋的人才能体验到。此言不虚，但是，对许多这样的追求，也许弗洛伊德并没有给予足够的关注：它们不需要特殊的天赋，却能提供象征性的解决和满足。即使没有受过教育或者智商平平，人们也会对体育产生热情。而席卷全球的对英式足球的热情，则跨越了阶层和智力水平的障碍，将各行各业的球迷团结在一起。

在精神病院，艺术疗法、音乐疗法和职业疗法（occupational therapy）越来越多地被使用，但它们仍然受到轻视，仅仅是作为精神科医生治疗服务的辅助。如果我在本书中提出的观点可以被接受，那么接下来，人们就必须对这种鼓励象征性地解决情感问题的方法投入更多的关注和研究。对那些天资平庸的人来说尤其如此——天才可以独辟蹊径，有天赋者或许只需要鼓励，而那些不那么有天赋的人则需要帮助和教导。

美国作曲家保罗·诺多夫（Paul Nordoff）和教育家克莱夫·罗宾斯（Clive Robbins）合著的《残疾儿童的音乐治疗》（*Therapy in Music for Handicapped Children*）令人信服地证明，音乐可以在严重残疾儿童的治疗中发挥重要的作用。一些不能用语言进行交流的自闭症儿童，虽然看起来几乎完全与人隔绝，却可以通过参加音乐表演来学习交流，从而在精神和行为上都有所改善。还有一些脑损伤的儿童，他们无法控制自己混乱和暴躁的情绪，但是通过音乐提供的节奏框架，他们却能够有序地表达这些情绪。在找到情绪出口的同时，他们获得了对自己混乱的内在世界的掌控。此外，对那些对成年人的情感可靠性失去信心，或者从未体验过"基本信任"的孩子来说，音乐可以带来稳定感。这是一种反复出现的情感体验，是可以被信任的，因为它并不直接与人相关。

同样，即使是那些没有什么天赋的人，也可以卓有成效地运用绘画和雕塑来表达。一幅画可以表达那些难以用语言表达的东西，对许多创作这类画作的病人来说，即使治疗师没有尝试去诠释他们所创作的内容，他们也能从创作中获益。把内心的东西带入外部世界，无论以多么简陋的方式，这本身就是一种有价值的练习，并不一定需要解释或者认知层面的理解。

第十五章

创造性自我及其对立面

在对创造性所做的考察中，到目前为止，我主要关注的是动机，也就是人格中促使人们进行创造的精神动力。我首先证明，一个人可能会出于对抑郁进行防御的需要，或者是因为他必须重建自己在幻想中认为被摧毁的东西，而产生一种原创的观念。他可能被一种需要所驱使，想要与他感到疏离的外部世界重新融为一体，因此通过创造性在主观世界和客观世界之间架设了一座桥梁。他或许会有一种强烈的冲动，想要在让他觉得混乱的世界中建立秩序，或者更简单地说，他希望在幻想中弥补他在现实中感到缺失的东西。抑郁、分裂、强迫和歇斯底里的心理机制无疑都在创造过程中发挥着自己的作用，并且在我们迄今为止所探讨的那些杰出人物身上，可以特别清晰地看到它们的作用。

但"精神病理"是无处不在的——这些相同的机制可以在我们所有人身上不同程度地被检测到；而创造性，虽然可能是试图解决内部冲突的最好的、当然也是最有意思的方式，但并不是唯一的方法。轻度躁狂者可能只是一个过度活跃的商人，精神分裂者是一个从不透露自己幻想的孤独者，有强迫症的银行职员为自己一丝不苟的准确性而自豪，歇斯底里的读者和观众迷失在别人的白日梦中。此外，正如上一章所述，对困扰我们所有人的紧张和冲突，有各种各样的象征性表达和解决方法，这些方法不能被称为创造性，除非这个词被扩展为包含许多既不新颖也并非原创的东西。因此，我们感兴趣的不仅是创造性人才的精神病理状况，自我也很重要，它是人格中有意识的、控制的、执行的部分，在不同程度上与我迄今为止主要关注的动力和情感部分形成了鲜明对比。人格的这个部分一直是那些在实验室和研究机构开展工作的心理学家研究的对象，他们与那些在咨询室执业的精神科医生和精神分析学家是不同的。下面讨论的大多数人格特征都已经通过心理测试被定义。

大多数对创造性人才的权威研究表明，他们最显著的特征之一是独立性（independence）。这一点特别表现在他们更多地受到自己内心的标准，而不是他们所处社会或者职业的影响。在一项对建筑师所做的研究中，根据建筑师所具有的不同的创造性，他们被分为三组。对于最有创造性的一组主要关注的是，自己设计的建筑是否符合内心的卓越艺术标准；而对于最缺乏创造性的一组关心的是，自己设计的建筑是否符合建筑行业的标准。独立性这个特质可能与弗洛伊德在强迫症患者中发现的自我的过早发展有关——我们在第八章讨论过这个话题。以"内在导向"（inner-directed）为主表明了自我和敏感的超我的过早发展。超我是指一种良知，它提供了可供参考的内在标准，这个标准提出的要求可能会比任何集体或者专业团体提出的要求更高。无论如何，这是一种可能性，值得我们进一步研究。

关于独立性这个特质，我们还可以发现一个有趣的地方，就是与创造性较弱的同龄人相比，创造性强的人加入的组织和社会团体比较少。从表面看，这可能只是因为他们缺乏耐心。他们很可能会觉得那些资质平平的同事非常无聊，而且如果意识到了自己的潜力，他们就不太需要大多数人从社会团体那里获得的支持和安慰。然而，这并非故事的全部。不要忘记，新的思想如同娇嫩的新芽，极易被过早的批评所破坏或者摧毁。在自己的思想尚未完全成型之前，创造性人才不愿意将它与人分享，这也是有充分理由的。此外，正如我在第五章和第六章指出的那样，分裂特质者（从中我们可以找到一些最具独创性的头脑）会对他人的影响怀有一种恐惧，这种恐惧是如此强烈，以至于达到了偏执的程度。

经常有人指出，创造性人才是持怀疑态度的，他们不会仅仅因为权威的发现被普遍接受就默认这些发现。还有一些人为了叛逆而叛逆，他们无法给出创造性的解决方案，但我们无须考虑这些人。关键在于，独立性并不是一种单一的特质，它是强与弱、攻击与恐惧的混合体。正如德国精神分析学家海因兹·哈特曼（Heinz Hartmann）指出的："在某些情况下，对污染的抵抗可以被认为是自我力量（ego strength）的一种表现。"而且，正如我们将看到的，研究者公认"自我力量"是创造性人才的一个显著特征。要求对他人需求进行感知和评估的测试表明，创造性人才在情感和社会方面都很敏感。鉴于我们对他们早熟的猜测，这并不奇怪。但一开始我们可能会觉得奇怪，为什么那些喜欢离群索居的人也被描述为社交敏感者。然而，如果我们的假设是正确的，即创造性人才通常害怕受到不适当的影响，那么就可以理解，或许是因为他们对别人的想法和感受极为敏感，所以才会避免过多地跟别人待在一起。此外，有些创造性人才对自己的认同感似乎比较脆弱。事实上，他们从事的创造性工作可能是其寻找认同的一种表达。敏感的人，尤其是那些抑郁症患者，很容易对他人产生认同。而且，由于对自身的独特性缺乏确定感，他们会感到特别需要维护和保留那些自己认为并不稳固的东西。

人们通常会预测，有创造力的艺术家一定对审美很敏感。想要实现形式和优雅，对二者的关注显然是一个先决条件。而形式和优雅都是艺术的创造性成就的根本特征，没有它们就无法形成艺术，而只是自我表达。然而，有些人可能会惊讶地发现，一项旨在检测艺术家对优秀形式和设计的偏好的心理测试，是"迄今为止发现的最强大的单项测试，可以预测任何领域的创造潜力……看到这样一项测试与艺术和文学领域的创造性相关，人们不会感到惊讶，但我们需要注意的是，它同样可以很好地预测自然科学和工程领域的创造潜力"[①]。科学也有美学的一面，这是公认的。正如英国数学大师 G. H. 哈代（G. H. Hardy）在《一个数学家

[①] 这段引文出自美国心理学家哈里森·高夫（Harrison Gough）发表在《价值工程学报》（*Journal of Value Engineering*）上的文章《识别创造性的人》（*Identifying the Creative Man*）。——译者注

的辩白》（*A Mathematician's Apology*）中举例说明的那样，数学定理和证明可以展现简练和美感。但有趣的是，对富有创造性的科学家来说，审美的形式感是他们非常重要的一项技能。对那些需要安排事物和找到秩序的人来说，这种形式感是否强烈到异乎寻常的程度呢？还是说，这种需要和审美能力毫无关联？也许有些人的模式塑造（pattern-making）能力和形式感都很强，但他们内心并没有紧张感，因此无须运用他们的这种能力。可以肯定的是，很多焦虑和强迫的人对整理和排列的强迫性冲动最多只会转化为仪式化的整洁干净。

能够识别被普遍认为优秀的形式和设计，并且对它们有所偏爱，这是各个领域的创造性人才所共有的一个特征。另一个特征在表面上似乎与此相反，就是对复杂性、不对称性和不完整性的偏爱。让被试选择模式的测试表明，创造性人才会拒绝简单和已经完成的模式，喜欢复杂和未完成的模式。这种偏好与独立性、独创性、语言流畅性、兴趣广度、冲动性和扩展性呈正相关，正如人们预料的，所有这些特征往往与创造性有关。另外，它与保守、控制冲动、社会从众和僵化呈负相关。然而，许多强迫性神经症患者在很大程度上具有后面这些特征，焦虑使他们过于谨慎，因此变得保守克制、墨守成规、顽固不化。可是，正如我们看到的，强迫症患者的仪式与创作者的模式塑造之间存在一种明确的联系；而一些僵化、拘谨的强迫症患者（比如易卜生）也极具创造性。创造性人才偏爱不完整性和复杂性，可能是因为这样可以激发他们去创造属于自己的新秩序，就像科学家会因为现有的假设不够完善、无法与现实相吻合而提出新的假设。此外，创造性人才的独立性很可能会使他对已经完成的模式感到不满，因为这些模式不是由他自己完成的，而是由别人完成的。尽管创造性人才经常抱怨自己的工作太辛苦，似乎渴望把它完成，但许多人只有在处理一些新问题时才感到快乐，并且需要不断地接受挑战作为刺激。只有缺乏创造性和被动的人才喜欢简单的模式，才会在别人为他安排好工作时感到如释重负。

这里需要注意的是，容忍紧张和焦虑的能力是创造性人才的典型特点。本书多次暗示，许多创造性活动的动力是这样或者那样的情绪紧张，尽管我们小心翼翼地不给这种紧张贴上神经症的标签。因为在我看来，这种紧张在很大程度上是适应性的，因此也是人之常情。然而，从紧张中寻求解脱的需要也是很自然的。创造性人才的非凡之处在于，他们有能力推迟这种解脱，拒绝肤浅的解决方案，直到他们自己得出一个更满意的结论。英国诗人济慈（Keats）在他的一封信中说得很好：

> 我和戴尔克（Dilke）细致讨论了各种各样的问题，没有争辩。一些事情开始在我思想上对号入座，使我立刻思索是哪种品质让人有所成就，特别是在文学上，像莎士比亚就恰恰具备这样的品质——我的答案是消极的能力（negative capability）。也就是说，一个人有能力停留在不确定的、神秘的与疑惑的境地，而不急于去弄清事实与原委。譬如说，柯勒律治（Coleridge）由于不能够满足于处在一知半解之中，他会坐失从神秘堂奥中攫获的美妙绝伦的真相。

歌德说过："首先和最后要求于天才的事，就是热爱真理。"这种品质肯定与"不能够满足于处在一知半解之中"密切相关。厄内斯特·琼斯在关于《天才的本质》(*The Nature of Genius*)的演讲中引用了歌德的名言，他认为，最大限度地追求真理的热情是弗洛伊德最显著的特点之一。琼斯认为弗洛伊德在婴儿期就获得了这种热情，这也是人们期望精神分析学家得出的结论。在弗洛伊德11个月大的时候，母亲生了弟弟朱利叶斯（Julius），但是在弗洛伊德19个月大的时候，弟弟就去世了。显然，弗洛伊德对这位闯入者充满嫉妒和敌意，又为弟弟的早逝而自责，似乎是他的怨恨造成了这一切。琼斯写道："因此，他有非常充分的理由想知道这样的事情是如何发生的，闯入者是如何出现的，谁应该为他们的行为负责……只有知道真相，才能找到安全感——那种拥有自己的母亲才能给他的安全感。"

在弗洛伊德的案例中，这是不是真正的解释还有待商榷；但毫无疑问，对真理的热爱往往是出于对安全感的追求。对现实的某些方面产生正确的新见解，这种"顿悟"（eureka）体验会增强个人的安全感，因为它意味着我们对外部世界的掌控能力也相应增强了。认知的增长通常被认为是力量的增长，即使这种增长并不是实际的，而是想象的。歌德认为热爱真理既是天才的首要任务，也是天才的最后任务，这显然是错误的，因为创造还有许多别的方面。不过，这显然是一个相当重要的因素，并且符合本书的主要假设，因为我们很容易将它与人类需要创造性地运用自己的智力以适应周围的世界联系起来。

谈到智力，我需要对智力和创造性之间的关系这个棘手的问题做一些评论。美国心理学家弗兰克·巴伦（Frank Barron）在他的《创造性人才与创造性过程》（*Creative Person and Creative Process*）一书中总结了目前的研究结果："对某些本质上具有创造性的活动来说，参与这些活动可能需要一个明确的最低智商，但如果超过这个最低智商（通常低得令人惊讶），创造性与智商测试的分数就几乎没有相关性。"只要"智力"这个可疑的抽象概念仍然是用智商测试的分数来定义的，这种缺乏相关性的情况就会继续存在。但是，心理学家们越来越意识到，这种对智力的定义太过局限。如果智力平平，就不可能在智商测试中获得高分。但是，有些人虽然在智商测试中得分不高，却有可能在评估和适应现实生活的新情况时表现出相当高的智力水平。近年来，将智力和创造性分离开来的观点很流行，以至于人们可能会认为，拥有高智商会阻碍创造性。这个理念来自最初由格策尔斯（Getzels）和杰克逊（Jackson）提出的观点，他们对高创造力、低智商的儿童和高智商、低创造力的儿童进行了区分。这种区分并不像最初设想的那样有效，因为他们忽略了研究样本中智商和创造力得分都很高的儿童，而这个群体的人数相当多。

我曾煞费苦心地指出，创造的动力来自内心的紧张，这种紧张是人类的典型特点，但与智力没有任何关系。不过，尽管一个智力低下的人或许也会有一个新颖的想法，但他不太可能以有效的方式详细地阐述或者表达出来。对大多数创造性工作来说，高智商是无价的。现在人们认为，在精神病医院的儿童中偶尔发现的"白痴学者"可能会表现出相当惊人的创造力，甚至有能力从事下国际象棋这样的智力活动。他们要么患有精神分裂症，要么耳聋，因此不一定缺乏智力，尽管除了在有限的领域外，他们无法充分运用这种能力。

对那些在学术界混过的人来说，对没有独创性或者创造性的高智商并不陌生。许多教师年轻时成绩都很优异，因此被任命为大学的教职人员。然而，许多人没有把时间花在原创性工作上，而是把余生花在毫无意义的争论、根据别人的著作编撰书籍或者学术政治的细枝末节上。创造的动力主要来自内心的不适，至少在我们的文化中是这样；但是试想一下，如果大学研究员和教授的职位不再那么稳定，他们是否会创作出更多的原创作品？这或许是一件有趣的事。工业界也抱怨说，那些杰出的科研人员似乎往往在前途有了保障之后，就不再创作原创作品了。但这些猜测都无关紧要。真正具有原创精神的人总是"内在导向"的，物质上的舒适或者终身职位的保障都无法阻止他的追求。

心理学家通过各种测试得出了一个一致的观察结果：创造性人才中的男性被试在衡量"女性气质"的量表上得分很高。"证据是明确的。一个人越有创造力，他对自己的感觉和情绪就越开放，智力水平就越高，自我意识就越强，兴趣就越广泛。在这些兴趣中，包括许多在美国文化中被认为是女性化的东西。在性别认同和兴趣方面，我们富有创造性的研究对象似乎比缺乏创造性的人更多地表现出其天性中女性化的一面。"[①] 有创造力的女性是否比一般人表现出更多的男性气质？这一点还没有得到很好的证实，但从历史和个人认识来看，这似乎是有可能的。法国小说家乔治·桑（George Sand）就是一个很好的例子。巴尔扎克这样描

[①] 这段引文出自唐纳德·麦金农（Donald W. Mackinnon）发表在《美国心理学家》（*American Psychologist*）杂志上的文章《创造性人才的天性与养成》（*The Nature and Nurture of Creative Talent*）。——译者注

写她:"她并不讨人喜欢,所以要想爱她很难。她特立独行,有艺术气质,伟大、慷慨、忠诚、纯洁;她有着男性化的容貌,因此不能将她称为女性……总而言之,她与男子无异,而且既然她希望成为一位男子,也已经超越了传统的女性角色,那就更加可以这样看待她了。"

从很多方面来说,这一发现都是很有意思的。许多创造性人才把他们的作品称为"孩子",并把创造的过程用受孕、怀孕和分娩的过程作比。对这些"心灵的孩子",艺术家比对待普通的孩子更加看重。易卜生也承认这个事实,在他的笔下,海达·高布乐(Hedda Gabler)一边把埃勒特·乐务伯格(Eilert Lovborg)的手稿扔进火炉,一边说:"泰遏(Thea),我要烧死你们的孩子!你,卷发姑娘!你和埃勒特·乐务伯格两个人的孩子。我要烧了它。我要烧死你们的孩子!"无独有偶,在歌剧《纽伦堡的名歌手》(*Die Meistersinger*)中,瓦格纳写过一个场景,主人公瓦尔特(Walther)向汉斯·萨克斯(Hanns Sachs)唱了在他梦中出现的歌曲的第一节。这首歌后来成了"获奖歌曲",并让他与心爱的姑娘伊娃(Eva)喜结连理。首先,萨克斯滔滔不绝地讲述了梦的重要性。他说,梦是诗歌中一切美好事物的源泉,诗歌中的一切只是梦的显现。然后,他指导瓦尔特如何塑造他的灵感。为了赢得奖项,他必须在一定程度上遵守名歌手制定的规则,尽管萨克斯私下里同意瓦尔特不接受这些限制。为此,歌曲的第二节必须与第一节相符。这两节是"父母",它们的相似是为了表明瓦尔特求婚的决心。第三节是"孩子"。和人类的孩子一样,它必须和父母相像;然而,它也必须有所不同,是一个独立的个体。在这首著名的五重奏中,新歌在很多旁观者面前被命名和洗礼。萨克斯告诉他们,每当创作一首新的"大师歌曲"时,名歌手们都会习惯性地采用这种方法。瓦格纳在很多方面都是一个让人无法忍受的人,但他对自己的创作过程有很深刻的见解,他写的任何关于这个主题的东西通常都值得关注。

有证据表明,在创造性人才身上,与他们生物性别相反的一面更为明显,而且他们不太会像一般人那样回避它。这在一定程度上可能是由于我们刚才简单提及的那种脆弱的认同感，这似乎是一些艺术家的特征。对大多数人来说，男性化或者女性化的明确感觉是身份认同中的重要组成部分，如果这种感觉受到质疑，他们就会受到威胁。

还有一个我个人观察到的部分更具推测性。许多艺术家的虚荣心比一般人更强。用行话来说，就是他们非常自恋。瓦格纳就是一个极好的例子。这可能与他们更坦率地承认自己的女性气质，并与之建立更加紧密的联系有关。大多数男性都会把自己全部（或者几乎全部）女性化的部分投射到女性身上，而艺术家则倾向于把女性的一面隐藏在自己的内心。我们已经看到，恋爱中的男性会把情人和他的灵感之神缪斯混为一谈。有些艺术家的做法则恰恰相反。他们如此深爱着自己的灵感之神，以至于他们无法赋予和他们真正生活在一起的女性应有的价值。在这一点上，他们有点像柏拉图在《会饮篇》（*The Symposium*）中描述的假想的雌雄同体的生物。我们应该记得，因为他们的"傲慢"激怒了宙斯，这些原本"完整"的生物才被一分为二。傲慢与自恋的虚荣心非常相似。就此而论，那些热爱自己创造力的艺术家当然不会那么脆弱，因为与我们大多数人相比，他们更不容易被爱的给予或者撤回所影响。他们也不那么讨人喜欢，因为普通人之所以让人愉悦，主要是因为他们出于对认可和爱的需要急于取悦他人，不愿冒犯他们。

在创造性人才身上，有些对立面比在普通人身上表现得更明显，而男性-女性气质的对立只是其中的一对。所有的心理动力学理论都假定，心灵内部存在着分裂和对立。否则，就不能称之为动力学理论，因为它们关注的是对立力量的相互作用。正如我们看到的，弗洛伊德关于自我、超我和本我的理论是描述这些力量的一种方式，不过还有很多其他理论。我们在不同的地方发现，使用内在客体和无意识幻想的概念是有用的。因为我们所拥有的心灵的内在世界与外部世界不一致，或者与和外部世界相关的人格意识部分的属性不一致，所以我们的自我都是分裂的。但是在大部分时候，我们大多数人都没有意识到内心的这种分裂。就像男性一般都没有意识到自己有女性化的一面，而只认同自己的男性气质一样，他也同样不了解这样一个事实：他的其他特征，包括他引以为傲的一些特征，是与他们内在的对立面相平衡的。

我们有充分的理由认为，创造性人才之所以与众不同，是因为他们可以极为清晰地区分这些对立面，而且他们对这种区分有着非常深刻的认识。男性－女性气质的对立就是其中一个例子。另外一组对立面我已经提到过几次了，就是强迫性与偏爱不对称和复杂性之间的对立。一个人怎么可能做到既强迫、死板、拘谨，同时又灵活、自然、开放呢？熟悉强迫性神经症治疗的临床医生都了解，其强迫性的整洁和对秩序的坚持通常是极为表面的。例如，他们会把所有东西都收进抽屉里，但抽屉里面极可能凌乱不堪。对强迫症患者来说，仪式化的整洁确实是一种防御；他们之所以需要这种防御，是因为其内心世界比一般人更加混乱、不守规矩、具有攻击性。表现出强迫性人格特征的创造性人才也是如此——我们已经看到很多这样的人——不过他们对自己内心混乱的意识和容忍度要远远超过大多数神经症患者，他们的仪式是创造性的，而不是无趣的。当然，后面这句话有些过于片面了。约翰逊博士表现出很多强迫性的习惯，比如触摸仪式等，它们都毫无创造性可言。创造性和神经症不是一回事，但这并不是说它们永远不能共存。

与神经症患者相比，创造性人才更加了解内在的对立面，可能是因为他们对所有刺激的反应普遍更强烈。他们对周围发生的事情很敏感，这或许可以解释前面提到的自我的过早发展，当然相应地，他们对来自内部的刺激也很敏感。

在关于《天才的本质》的演讲中，厄内斯特·琼斯引起了人们对一组对立面的关注，这组对立面与我们刚才讨论的那些对立面密切相关。"因为我们有充分的理由认为，天才的特点是拥有异常浓烈的情感，通常也有相应强大的控制情感的能力。"这对弗洛伊德本人来说尤其如此，琼斯写道："弗洛伊德天生具有异常浓烈的情感：他既能热烈地爱，又能强烈地恨。但这种天赋也伴随着同样强大的自我控制能力，以至于他几乎从未向外人表露过这些情感。"特别强烈的情感需要特别强大的防御，以防止它们以不愉快或者不恰当的方式出现。因此，我们可以将强迫性仪式与弗洛伊德自我评价的意义联系起来——他说如果自己患上了神经症，那一定是强迫症。

许多用来检测创造潜力的测试都与揭示所谓的"想象力"有关。因此，这类测试要求被试尽可能多地想出一个物体的用途，或者给一组单词赋予尽可能多的含义，或者以不同的方式完成故事，它们为流畅性和想象力提供了空间。然而，创造力不仅仅是能够自由地发挥想象力，这一点很容易被当代教育者所遗忘，他们以牺牲纪律为代价来强调自由。正如一位批评当代一些创造性测试方法的心理学家指出的："建设性的创造力可能需要许多测试所要求的流畅性和想象力，但它也要求一定程度的自我批评和判断力。"[①] 我们又一次面临这样一个事实，即两个对立面的同时运作是创造力的必要条件。

对内容与形式的研究可以提供看待这些对立面的另一个思路。缺少情感内容的形式是贫瘠的，而缺少形式约束的情感仅仅是"自我表达"。最有趣的研究之一，是在无组织、不受控制的形式中，灵感对创造性的影响有多大，以及形式和内容在多大程度上同时出现。伟大的原创作品在这方面的差异很大，我已经评论过贝多芬和莫扎特之间的差异。贝多芬必须进行无数次重塑，才能让自己的音乐思想最终成型；而莫扎特却无须如此辛苦，因为形式和内容作为同一个灵感在他面前出现。

在讨论创造性人才的独立性时，我提到他们还容易持怀疑态度。怀疑主义的对立面是轻信，而这种特征也经常出现在创造性人才身上。厄内斯特·琼斯认为，这两种特征都鲜明地体现在弗洛伊德身上，他批评弗洛伊德非常天真，容易轻信他人，同时却又对权威持怀疑态度。

或许，更重要的是主动与被动的对立面。如果你愿意的话，可以把这一对立面与前面讨论过的男性-女性气质的对立面联系在一起。

[①] 这句话引自心理学家爱丽丝·海姆（Alice Heim）所著《智力与个性》（*Intelligence and Personality*）。——译者注

创造性人才必定是能干的执行者，否则他们将不会取得任何成果，而只是梦想着自己可以有所成就，就像那些失败的小说家一样——任何一个对文学世界稍有了解的人都熟悉他们。我们已经提过，自我力量是创造性人才的一个特征，它也许不容易被定义，但确实包含一种意志的观念，这种意志可以主动地发挥作用，以达到设想的目标。此外，自我力量还包含对焦虑的高度容忍，以及对现实的坚定把握。也许"个人效能"（personal effectiveness）是对自我力量的最好的形容，而对其进行测量的测试，例如由哈里森·高夫开发的加州心理量表（California Psychological Inventory）显示，与缺乏创造力的同龄人相比，富有创造力的人的个人效能更强。主动性、自我接纳、责任感、自我控制、宽容度、认知能力等，这些都是自我力量测试所衡量的特征，毫无疑问，那些认为创造性人才就是披着长发的梦想家的人会惊讶地发现，创造性人才在所有这些指标上的得分都很高。事实上，我们与他人交往的日常经验在某种程度上证明了这种惊讶是合理的，因为我们通常无法想象实干家或者强有力的执行者同时也可以自由地徜徉在想象的世界里，也不觉得他们可以接受被动等待，让新的想法出人意料地出现。如果一个人从历史的角度来考虑关于创造力的想法，可能就会发现钟摆是在下面这两端之间交替摆动的：将创造力主要归功于意志力，以及将创造力主要归功于灵感和被动等待。例如，弗朗西斯·高尔顿（Francis Galton）在为其极具原创性的著作《遗传的天才》（*Hereditary Genius*）（第二版）作序时这样说：

> 在撰写这本书的时候（1869年），人们普遍认为人类的思想是独立于自然法则而行动的，如果被一种具有启蒙力量的意志所驱使，人类的思想几乎能够取得任何成就。即使是那些更有哲学思维习惯的人，也不会认为每个人的心智能力和身体能力一样是非常有限的，更没有清楚地理解能力的遗传性传递这个概念。

高尔顿当然主要是想证明，对天才的天赋来说，遗传发挥着重要作用，并且也成功地做到了这一点。换句话说，他证明了一个人的心理天赋确实像他的身高一样是先天决定的，是受限制的。但有趣的是，高尔顿确信，如果一个人的遗传足够好，他就可以所向披靡。例如，他不相信社会因素会阻止一个天才出人头地，当然也不相信神经症会给成功带来严重的影响。

高尔顿列举了三种天赋，他认为这三种天赋都是遗传的，是取得伟大成就的先决条件。他将其命名为能力、热情和努力工作的能力。

"如果一个人天赋异禀，拥有强大的认知能力、工作热情和工作的能力，我无法理解这样的人怎么能被压制。"意志力可能会受到遗传的限制，但几乎不会受到其他任何东西的限制。高尔顿无法容忍这样一种观点，即灵感或者任何与内心不稳定有关的东西也可能在创造性成就中发挥作用。他写道：

> 如果天才意味着一种灵感，或者是来自明显是超自然力量的想法，或者是实现任何特定目标的强烈欲望，那么它就会危险地接近于疯子听到的声音，接近于他们的谵妄或者偏执狂倾向。在这种情况下，它不可能是一种健康的能力，也不可能通过遗传使之永久存在。

高尔顿显然并不熟悉，或者不愿意注意到创造性人才给我们提供的描述。他们不仅承认某种无法被意志支配的东西——我们可以称之为灵感——是有必要存在的，并且实际上还证明了意志的运用可能不利于新思想的出现。

创造并不仅仅是这样的：一个极具天赋的人坐下来努力思考，然后写作、作曲或者绘画。在创作过程中，有一种被动、依赖甚至谦卑的成分。在一个具有强大的自我力量、习惯于依靠自己意志的人身上，这确实是一个令人惊讶的发现。因为新的想法不可能是靠意愿创造出来的——它们不约而至。尽管我们可以多做安排，让它们更有可能出现，但无法确保它们一定会出现。

"我可以召唤来自浩瀚深渊的灵魂。"欧文·格兰道尔（Owen Glendower）夸口道。而霍茨波（Hotspur）回答道："为什么？我也可以，或者任何人都可以。但是当你需要他们的时候，他们会来吗？"① 的确如此。即使是威尔士人，也无法主动召唤出创造的灵感，它必须被追求和等待。虽然确实有这样的例子，梦可以提出问题的解决方案，或者催生新的想法，但创造的灵感更多地出现在半梦半醒之间的遐想中。例如，瓦格纳在《我的人生》（*My Life*）中讲述了自己如何找到《莱茵的黄金》管弦乐序曲的灵感——这确实是一个非凡的灵感，因为至少前136小节是基于降E大调三和弦的，这一大段音色贯穿始终，没有间断。

在度过一个高烧和失眠的夜晚之后，第二天我便强迫自己继续步行，穿过丘陵起伏、长满松林的地带。在我眼前，一切都光秃秃的，显得荒凉凄清。我弄不明白自己要在这儿干什么。下午回到住处，我累得要命，于是躺在硬邦邦的沙发床上，等待那渴望已久的睡眠时刻的到来。可是它没有来，而我陷入了一种梦游状态，忽然觉得自己好像沉到了湍急的水流中。流水的哗哗声进入我的脑海，很快变成了降E大调三和弦的乐曲声。它不断地在和声华彩的变换中一晃而去，但是降E大调纯粹的三和弦却永远也不变化。看来，这个三和弦似乎想通过其延续赋予我沉入其中的那个环境无穷的意义。怀着仿佛巨浪在我上面汹涌而去这种感觉，我突然从半睡半醒状态中惊醒。我立刻意识到，《莱茵的黄金》的管弦乐序曲在我心中油然而生。我心中早有这个想法，却一直无法找到准确地表达这一想法的形式。很快我就明白，自己肯定有那种特性——生命的长河不应当从外部，而只能从内部流向我。

---

① 这段对话引自莎士比亚的戏剧《亨利四世》（*Henry IV*）。——译者注

在某些情况下，特别对英国诗人、文学评论家柯勒律治来说，这种介于睡眠和清醒之间的遐想状态是鸦片或其他毒品的产物；但事实往往并非如此，创造性人才拥有一种不同寻常的综合能力，既能有效地行动，又能保留做白日梦的能力。

我们将要讨论的最后一组对立面，与前面讨论过的其他对立面密切相关，即精神健康与神经症或者精神不稳定的对立。关于天才和疯子之间是否存在关联的争论由来已久，我们会在下一章单独进行探讨。

第十六章

天才与疯子

在我们对创造性进行探索的过程中，已经对不同类型的"精神病理"进行了概述，并说明了这些动力类型提供原动力以激发创造者的方式。创造性是有天赋者所采用的一种模式，用来处理每个人或多或少都会遭受的内在紧张和分裂，或者为其找到象征性的解决方案。天赋较低的人则会寻找其他不那么具有创造性的解决方案。但是，他们同样无法从本能的表达中获得生活的全部满足。现在摆在我们面前的问题是，是否可以说，与那些同样有天赋但并没有被驱使去创造的人相比，创造性人才的精神病理问题更严重？人们普遍认为，"我们都有神经症症状"。的确，正常人、神经症患者和精神病患者之间并没有明显的分界线。本书的重要主题之一就是断言，作为其特殊适应的一部分，人类不可避免地会把前生殖期的特征、"幼稚"的态度和随之而来的缺憾从童年带入成年生活。因此，尽管精神病理无所不在，但其强度和程度却千差万别。我们都遭受着精神病理的折磨，只是有些人比其他人更痛苦。正如我在前面几章所证明的那样，有一类一流的创造性人才肯定与分裂型人格结构息息相关。如果人们普遍接受是创造性人才的精神病理驱使着他们去创造，那么人们可能会争辩说，普通人没有进行创造，是因为他们的精神病理问题不如创造性人才严重。另外，有人可能也会争辩说，创造性人才不太可能受到精神病理的影响，因为他们很幸运，可以用比一般人更好的方法来应对内心的紧张。

最后这句话的论点是显而易见的。创造性可能是应对精神病理的一种方式，但它不等于神经症或者精神病。事实上，它是它们的对立面，并且我们有充分的理由相信，精神疾病会影响创造性。

在精神分析的早期，区分神经症患者（或者精神病患者）和正常人要容易得多。神经症患者是表现出神经症症状的人。他们患有歇斯底里的健忘症或者瘫痪；他们存在仪式性强迫、抑郁，或者被性倒错所困扰；他们抱怨自己有恐惧症或者其他非理性的焦虑。在精神分析学进一步发展，并且人们对精神病理有了更深刻的理解之后，神经症患者和正常人之间的界限变得模糊了。许多精神分析学家从未见过他们的前辈在20世纪初所治疗的那种神经症。他们关注的是"人格障碍"，而不是神经症。也就是说，他们治疗的是那些无法适应生活、存在"精神病理"并且感到痛苦的人，但这些人可能并没有表现出任何明显的神经症症状。然而，因为他们正在寻求治疗，所以其并没有真正和神经症患者区分开。精神分析工作开始之后，分析师基本上就不再关注症状。在他们之中，有很多人都不快乐，也有一些人从精神分析中得到了帮助。但是，不快乐并不等于患上了神经症。重新明确这一区别，并且对神经症和精神病的整体概念进行修正，是值得推荐的做法。

当我们说一个人患有神经症或者精神病时，我们在暗示他的自我，即有意识的、推理的自我在某种程度上已经不堪重负了。正如弗洛伊德所写的"神经症是自我的紊乱"，或者如费尼切尔所说的"所有的神经症现象都是基于正常控制装置的不足"。在我们对精神病理的迷恋中，这一点常常被遗忘。在某种程度上，精神病患者或者神经症患者的精神病理一定是失控的，并以症状的形式表现出来。创造性人才即使并不是神经症患者，也容易被贴上神经症的标签，其中一个原因是他们表现出了精神病理——不过是在他们的作品中，而不是以神经症症状的形式。作品是一种积极的适应，而神经症则意味着适应的失败。一些精神分析学家并没有真正做出这种区分，我们已经在第一章对此进行了讨论。我们在这里所关心的问题可以归结为：与普通人相比，创造性人才是否会更频繁地出现神经症或者精神病的症状？另外，我们是否无法知晓这个问题的答案？

综上所述，明确区分疾病和人格结构是很重要的。一个人可能存在躁狂－抑郁的精神病理，但在临床上并不能诊断为躁郁症，也没有任何精神崩溃。巴尔扎克可能是因为过度劳累离开人世的，但他并没有患上精神疾病。而舒曼则有明确的抑郁性崩溃，他无法工作，患有妄想症，曾试图跳到莱茵河自杀。有时，这种区别无法像这些例子表现得那样明确。许多精神病学家会认为约翰逊博士患有强迫症，而且非常清晰的是，当他的强迫性防御崩溃时，就会陷入周期性的抑郁。尽管如此，在现象学层面，我们还是有可能对患有或者曾经患有精神疾病的人和没有精神疾病的人做出区分。

纵观历史，关于创造性与精神不稳定的关系，一直存在两大思想流派。一派否认两者存在联系，另一派则认为两者密切相关。我们已经引用了高尔顿的观点，即伟大的成就取决于热情、能力和努力工作的能力。他的观点得到了英国画家威廉·霍加斯（William Hogarth）的支持，霍加斯说："我不认为有什么天才，天才不过是努力加上勤奋而已。"苏格兰哲学家托马斯·卡莱尔（Thomas Carlyle）的这句话也许更广为人知："天才首先是一种超凡的解决问题的能力。"然而，即使无法接受创造性可能依赖于灵感这种非理性的力量的看法，高尔顿仍然写道：

> 技术意义上的天才（无论它的精确定义是什么）和精神错乱的关系，一直被龙勃罗梭（Lombroso）和其他人所坚持，他们旗帜鲜明地认为两者存在着密切联系。如果他们的一位狂热追随者评论说，某某人不可能是天才，因为他从来没有疯过，他的家族里也没有一个疯子，这一点儿都不足为奇。我无法像他们那样偏激，也完全无法接受他们所提供的资料。他们认为，这些资料可以说明高水平的能力和精神错乱存在着联系。尽管如此，仍有大量的证据表明，这两者有着密切关系，这是一个令人痛苦的发现。我必须补充一点，基于我自己后来的观察，我惊讶地发现，

在能力卓越者的近亲中，出现精神错乱或者精神发育不全的频率非常高。那些过于热切而思维又极其活跃的人，其大脑往往比正常人更容易兴奋、更不寻常。他们有时可能会变得疯狂，也许会完全崩溃。

以《性心理学研究》（Studies in the Psychology of Sex）而闻名的英国心理学家哈夫洛克·霭理士（Havelock Ellis）还写过另外一本名为《英国天才研究》（A Study in British Genius）的著作，这本书出版于1904年。他从《国家传记词典》（The Dictionary of National Biography）中挑选了1030个名字，其中975个是男性，55个是女性。令人遗憾的是，在这些杰出人物中，他只发现44人（4.2%）有明显的精神错乱。对此，他写道："这可能是一个很高的比例。我不知道在平均寿命较高的受教育阶层中，有多少人在一生中出现过精神错乱。那个比例可能会低一些，但也不会低到让我们有资格说天才和精神错乱有一种特殊联系的程度。我相信，探讨天才和精神错乱的联系并非毫无意义。但面对这样一个事实，即只有不到5%的案例可以证明这种联系，我们必须摈弃天才是精神错乱的一种形式的理论。"

实际比例要比霭理士统计的数据低得多，因为他的数据包括老年性疾病。如今在英国，每15个人中就有一个人会在一生的某个时候住进精神病院。1969年底，英国有5万名男性和6.6万名女性住在精神病院。在国家医疗服务体系中，有近一半的床位是为精神疾病患者准备的。显然，如此高的比例和社会因素脱不了干系。从霭理士所处的时代开始，为精神疾病患者提供的护理和治疗比以前全面得多，对被送进精神病院的污名化也大大减少了。因此，人口中精神疾病的真实发病率越来越高——尽管精神病院的入院率与真实发病率并不完全一致，因为许多患有精神疾病的人仍然没有住院。如果说霭理士的数据有什么意义的话，那就是它们似乎表明，在受过教育和成功的人士中，较少出现精神疾病。这一发现得到了现代研究的支持，这些研究表明，社会阶层较低的人患精神疾病的概率更高，而且所患疾病也更严重。

特曼（Terman）于1921—1922年在加利福尼亚州对天才儿童进行的著名研究的结果表明，智商在135及以上的儿童，其体格、总体健康状况和心理稳定性都优于平均水平的儿童。他还指出，如果从相当传统的角度看待成就，成年后的成功"通常与情绪的稳定和没有冲突存在关联，尽管智力和成就并不是完全相关的"。正如我们已经看到的，高智商和创造性并不高度相关，尽管高智商和传统意义上的成就可能高度相关。而在特曼的研究中，尽管有些被试的智商在190以上，但没有一个被试有望"与莎士比亚、歌德、托尔斯泰、达·芬奇、牛顿、伽利略、达尔文或者拿破仑相媲美"。特曼认为这并不奇怪，因为"自从在詹姆斯敦（Jamestown）定居以来，整个美国还没有出现过这样的人物"。

科学家卡特尔（Cattell）和布彻（Butcher）指出："创造性人才自我力量和情绪稳定性的平均水平明显高于普通人群，尽管可能低于具有同等智力和教育水平的行政人员。高度焦虑和兴奋似乎很常见——例如化学家普里斯特利（Priestley）、达尔文、开普勒就是高度焦虑的人，但全面的神经症却相当罕见。"他们认为，有创造力的艺术家比科学家表现出更多的不稳定性，但并未拿出确凿的证据。卡特尔和布彻写道：

> 说句题外话，有创造力的科学家和艺术家在这方面可能差异最大。在艺术家中，特别是在19世纪和20世纪，神经症、精神病和成瘾倾向是如此常见，几乎不需要再做说明。也许，作曲家是最不符合这一点的，尽管从贝多芬到拉威尔（Revel）、巴托克和彼得·沃洛克（Peter Warlock）——真名为菲利普·夏舜霆（Philip Heseltine），他们经常过着风雨飘摇、极为苦闷的日子。从19世纪的福楼拜（Flaubert）、拉斯金、尼采和斯特林堡（Strindberg），到20世纪的普鲁斯特、尤金·奥尼尔（Eugene O'Neill）和迪伦·托马斯（Dylan Thomas），作家的这种趋势

更明显。而在以梵高、乌特里略（Utrillo）、莫迪利阿尼（Modigliani）为代表的画家中，这种趋势可能最明显。艺术天才比科学天才更容易精神失常，对此我们可以从气质、社会学和经济学的角度给出许多不同的解释。在这个领域，"伟大的智者与疯子只有一线之隔"这一观点看似极有道理，但几乎没有什么解释作用。

当然，科学家在性格方面与其他类型的创造性人才存在差异，但是他们的相似之处更为引人注目。我已经提到了这样一个事实，即审美偏好测试是自然科学和艺术领域创造力的最佳预测指标。我们不难将卡特尔列出的艺术家名单与一些同样"神经质"的科学家放到一起讨论。并且，他认为画家比其他类型的创造性人才具有更多的神经症症状，而这个观点也没有得到历史的证实。事实上，维特科夫尔夫妇已经在《土星之命》中证明（我们在第三章引用过他们的观点），画家的性格类型非常多变，其中一些最伟大的天才的性格却非常稳定。比如鲁本斯，在英国、法国、西班牙和荷兰的和平谈判中，他被聘为特别外交代理人，因为他性情平和并且有说服力。尽管失去了妻子和大儿子，面对外交上的挫折，他仍然保持冷静。维特科夫尔夫妇写道："鲁本斯在逆境中表现出令人钦佩的坚韧，这源于一种天生的和谐，源于他能够在情感的投入和理性的超然之间保持平衡。不幸没有削弱他的力量，成功也没有破坏他清晰的判断力。"

英国散文家查尔斯·兰姆（Charles Lamb）在《真正天才的理智》（*Sanity of True Genius*）这篇文章中写道：

> 杰出才子（或者用我们的现代说法称之为天才）与疯狂有一种必然的联系这一观点远远谈不上正确无误，相反，人们发现才子中最杰出者，往往是作家中神智最健全者。要人们在头脑里想象一位疯狂的莎士比亚是不可能的。这里说的才子的杰出天赋，主要是指创作诗歌的才能，

它表现为人的一切能力都近乎完美地协调发展，令人羡慕。疯癫则是指人的某一种能力被过度开发和利用。考利（Cowley）在谈到他的一位诗友时这样说道：

造化虽赋予他征服万物的高超天资，
却比不上他拥有的独一无二的见识。
他的见识如九天明月泻下的光芒，
足以让波涛汹涌的浩瀚大海安息。

这个错误观点的根源，在于人们从极高水平的诗歌那摄人心魄的神韵里发现了一种无可比拟的高度。而在他们自己的经历中，只有在梦里出现幻象和高烧中产生幻觉时，才能勉强达到与诗歌里的高度虚假相似的高度。于是，他们把梦幻和高烧的狂态附会给了诗人。但真正的诗人梦寐以求的是保持清醒，他不受主题的支配，而是要驾驭主题。

神经症患者，尤其是精神病患者，显然无法控制自己的内心世界。正是这一点使他们受苦，也使他们拥有与意识自我格格不入的所谓症状。重复一下费尼切尔的定义："所有的神经症现象都是基于正常控制装置的不足。"创造性人才的不同寻常之处在于，他很容易进入自己的内心世界，不会像大多数人那样去压抑它。正如兰姆所断言的那样，当他能够创造时，当然不会被自己的内心世界吞没，而是能够支配它。

表面看来，瑞典剧作家斯特林堡似乎是个例外，并不符合疯狂会削弱创造性而不是增强它这一规律。在一生中，斯特林堡似乎表现出了偏执型精神分裂症的大部分症状。在19世纪90年代所谓的"火灾"危机中，他说敌人们要用瓦斯和电穿透他房间的墙壁，一种身上有红色火斑的苍蝇也入侵了他的房间。他还声称自己患有幻听症。和D. H. 劳伦斯（D. H. Lawrence）一样，他拒绝接受科学的证据，并认为星星是视错觉，地球也不是一个球体。他的厌女症非常严重，三次婚姻都以离婚告终。毫无疑问，在不止一段时间里，他的精神病症状几乎让他崩溃，然而他并没有真的崩溃。很明显，作为一种防御，他的创作能力很好地帮助了他。正如卢卡斯（F. L. Lucas）所写的那样："斯特林堡的经历也说明，艺术具有安慰的力量。在他晚年生活的很长一段时间里，只有一件事能带给他一种平静，甚至是一种幸福，就是创作的能力。所以，他把自己记录了下来。的确，如果没有这种富于想象力的发泄方式，他很可能会在疯人院里结束自己的一生。"

斯特林堡的母亲是一名服务员，父亲则是一名货运代理。他的母亲在他13岁时去世，他的父亲随后与女管家结婚。父亲待斯特林堡非常恶劣，会打他，因为斯特林堡否认父亲认为他犯下的罪行，而如果斯特林堡承认了，父亲还是会再打他。这是一种典型的"双重束缚"，这种情况应该会导致精神分裂症。毫无疑问，斯特林堡幻想的内心世界是精神病性的，但他对它的探索是经过深思熟虑的，在某种程度上是经过控制的。"不是每个人都能变成疯子；而且，在那些足够幸运、可以变成疯子的人当中，没有多少人有勇气这样做。"他自己是这样说的，并且他说得很对。他还写道："我最擅长写幻觉。"戏剧评论家埃弗特·斯普林科恩（Evert Sprinchorn）在斯特林堡的小说《疯人辩护词》（*A Madman's Defence*）的序言中敏锐地认识到，斯特林堡的疯狂并不会让他住进精神病院，因为他的自我从未完全被推翻。他总是保持着一定程度的控制，甚至也许是一种装腔作势的模拟。斯普林科恩写道："一个疯狂的天才、偏执狂和恋母者，被某种冲动驱使着写下他认为自己有过的经历——这是对《疯人辩护词》的通常看法。这似乎是一种非常天真的观点，它忽视了斯特林堡信件中提供的证据，也没有考虑到他作为艺术家公开宣称的原则。一种更合理的观点是，斯特林堡创造了自己的经历，只是为了把它们写下来。为了探索嫉妒与疯狂的边界，他在自己家中建立了一个模型。这就是科学的方法，也是演员们并不陌生的一种方法。"

在1894年至1896年间，即斯特林堡精神紊乱最严重的时候，他正在写自传。

并且在接下来的 7 年里，他创作了至少 17 部戏剧。正如卢卡斯评论的："他的主要作品要么是以自传为主的小说，要么是以小说为主的自传。"但是，尽管他并不总能把幻想和现实区分开，尽管他产生的幻想无疑是精神病性的，但他从未完全放弃控制。他使用的素材是精神病性的，但他本人并没有患上精神病。

一些心理测试，其中最著名的是明尼苏达多项人格量表（Minnesota Multiphasic Personality Inventory），它旨在通过问卷调查的方式测量个体的神经症和精神病倾向。这些测试会设计一些问题，通过受测者的回答，可以看出他是否具有抑郁、歇斯底里、偏执和其他神经症或者精神病性的特征。每一位耐心读到这里的读者都不会感到惊讶，在这样的测试中，创造性人才所承认的精神病理特征确实比普通人更多。这证实了流行的观点，即艺术家是"疯子"或者至少有神经症。但是，正如我在上一章指出的，他们拥有更强的自我力量，因此不同于普通人。换句话说，尽管他们的精神病理可能使其承受着比普通人更大的压力，但他们有更优越的控制装置，因此患神经症和精神病的可能性不会增加，尽管也不会减少。这些测试结果证实了我们的一般假设，因此，我们必须特别谨慎地解释这些结果。或许是因为创造性人才往往对自己的内心比较了解，所以在回答这类问卷时比普通人更有洞察力，也似乎比其他人有更多的神经症特征。普通人往往意识不到自己的神经症倾向，容易自我满足，回答问题时往往不怎么自我怀疑。

人们之所以认为天才与疯子在某种程度上有所关联，似乎很可能不是因为他们观察到，创造性人才比其他人有更多的神经症或者精神病症状，而是因为他们感觉到，创造性人才和疯子都有着普通人无法理解或者并不具备的精神体验。我们引用过高尔顿对天才和灵感所做的贬损性评论。但是，确实是对灵感的体验（这是一种被控制而不是控制的感觉），将创造性与神经症和精神病联系起来（我认为这是错误的）。正如费尼切尔所说："所有的症状都给人一种印象，似乎有什么东西从未知的领域闯入了人格——它扰乱了人格的连续性，并且超出了意识意志的范围。"法国作家蒙田（Montaigne）在《论酗酒》（Of Drunkenness）这篇文章中写道：

> 同样，诗人们常常对自己的作品感到惊讶，怎么都认不出来他们在如此美丽的道路上留下的脚印。这就是人们所说的热情和疯狂。柏拉图说，一个完全理智的人去敲诗歌的门是白费力气。亚里士多德也说，任何杰出的人物都免不了有点疯狂。他认为，所有超越我们判断力和理智的灵感（不管它多么值得赞扬）都是疯狂的。亚里士多德是对的。因为，智慧总是有规律、有节奏、和谐而有把握地引领着我们的灵魂。
>
> 柏拉图认为："我们的能力不足以预测未来。如果想进行预测，就必须超越我们自己——通过睡眠或者疾病使我们的智慧模糊起来，或者在天堂般的狂喜中提升我们的智慧。"

在这里，蒙田没有把创造性的灵感与通过自觉意志之外的方法来解决问题区分开。这实际上曲解了柏拉图的想法，因为希腊人实际上认为疯狂与灵感是不同的。并且，亚里士多德的观点也被误解了——古罗马哲学家塞内加（Seneca）接过这句话说："没有混合些疯狂的伟大智慧是不存在的。"

在那本无价的著作《欧洲思想的起源》（The Origins of European Thought）中，英国著名古典学家奥尼安斯（Onians）向我们展示了希腊人对灵感的看法，以及拉丁语中的"天才"一词是如何由此衍生出来的："我认为，从起源上来说，罗马人认为天才与此处所解释的 ψυχή（'灵魂'）类似，它游离于胸腔中心的有意识的自我之外。这将解释许多迄今未被解释的事实。他们认为天才像 ψυχή 一样，是以蛇的形体出现的。他们还认为，ψυχή 存在于头部。"

后来他又补充道："这样看来，天才不仅如此显然地容易干预或者支配一个人，而且我们还有理由相信，在古罗马戏剧家普劳图斯（Plautus）的时代，人们认为天才所享有的知识要超越意识自我所享有的知识，并对即将发生的事件向意识自我提出警告……天才的概念似乎在很大程度上与20世纪的'潜意识'相似，它影响着一个人的生活和行为，脱离于意识之外，甚至无视意识的作用。"

奥尼安斯这种认为天才类似于20世纪"潜意识"的观点，实际上更像是"荣格派"，而不像弗洛伊德的理念。弗洛伊德的精神分析学说一直不愿意承认潜意识有任何积极的、建设性的作用，因为弗洛伊德最初将其视为被压抑的材料的储存库——这些材料因为其是不可接受的而被放逐到下部区域。这可能是因为，在他建立早期理论所依据的最初那些病人中，很多都是歇斯底里症患者。这类病人确实压抑了他们"讨厌的"性冲动和攻击冲动，也极为强烈地否认他们的头脑中存在任何如此恐怖的东西。其他类型的神经症患者就完全不是这样，创造性人才当然也不是这样——别人所压抑的东西，对他们来说往往一目了然。认为潜意识仅仅由不可接受的事物组成，而本我是混乱和无差别的冲动，这样的观点已经产生了诸多不幸的影响，其中包括未能区分强迫症的枯燥仪式与艺术家或者科学家的创造性仪式活动。多亏了玛丽恩·米尔纳（Marion Milner）、安东·艾仁茨威格（Anton Ehrenzweig）和温尼科特的著作，精神分析正在改变它的立场。这种有限的、消极的潜意识观，现在已经过时了。我将在最后一章回到这个主题。

灵感和疯狂唯一的共同之处在于，自我会受到某种超出其认知范围的东西的影响，而艺术家实际的所作所为与疯狂相去甚远。事实上，当艺术家精神失常时，他们通常要么完全停止创作，要么在其作品中表现出某种退化。我在第七章指出，舒曼的抑郁会让他无法创作。有证据表明，亨德尔也属于躁狂－抑郁气质，尽管他的情绪波动从来没有严重到可以称为精神病的程度。在一生的大部分时间里，他都处于轻躁狂状态。在这种状态下，他创作了大量音乐。但在1737年、1743年和1745年，他陷入了抑郁。至少在1743年，他几乎没有创作什么作品。在第八章，我描述了罗西尼强迫性的作曲方法，并简单地谈到了他的抑郁倾向。在37岁停止歌剧创作后，他出现了严重的抑郁发作，伴有失眠、食欲不振、自杀意念和自责。1854年，他宣布："如果其他人处在我的境地，一定会自杀，可是我……我是个懦夫，没有勇气这么做。"1855年，他说："这样活着，还不如死去。"但是到了1857年春天，他的抑郁期过去了，于是又重新开始作曲。他写的作品都以这段动人的献词开头："谨以这些平凡的歌曲献给我亲爱的妻子奥林佩（Olympe），感谢她在我漫长而可怕的疾病期不辞辛劳地精心照顾我，她的无微不至令医务人员都自愧不如。"

躁狂–抑郁的精神病理可能会刺激一个人去创作，但躁郁症却会阻止他去创作，精神分裂也是如此。在《精神疾病中的艺术的自我表达》（*Artistic Self Expression in Mental Disease*）这部极为有趣的著作中，荷兰精神病学家普罗克（J. H. Plokker）这样谈论精神病患者的艺术作品："每个对艺术有所了解的人，在看到一位病人的一系列作品时，都会看到正常与病态的区别。一旦最初的惊喜过去，他很快就会对欣赏精神病患者的艺术作品感到厌倦。作品内容，尤其是形式中包含的枯燥、刻板、固定的元素，很快就显示出这些患者心灵层面的停滞。"虽然在精神分裂症发作时，这种陌生的体验可能会刺激艺术家记录一些他感知世界的新方式，就像仙人球毒碱（一种致幻剂）或者迷幻药一样，但这种感觉通常是短暂的。而且有证据表明，他们创作的能力会退化。普罗克写道：

> 各种文章都得出这样的观点，可能是基于受到精神分裂影响的艺术家的个案史，他们的创作能力通常在最初的上升之后就迅速且完全地停止了，或者其创作的质量急剧下降，直到最后变得拙劣而毫无意义。在中间阶段，会出现模式化的形象、僵化的构图和装饰性的元素。对瑞典画家希尔（Hill）和约瑟夫森（Josephson）所做的研究，贾斯帕（Jasper）关于梵高、斯特林堡和荷尔德林（Holderlin）的著作，维尔贝克（Verbeek）关于亚瑟·兰波（Arthur Rimbaud）的论文，还有威斯特曼·约尔斯蒂

因（Westerman Jolstijn）关于梵高的文章，都详细地描述了这一过程。一般来说，可以这样说，如果在疾病暴发之前不存在艺术创作能力，那么一旦疾病开始发作，就不可能产生"艺术作品"。

同样，奥地利精神分析学家恩斯特·克里斯（Ernst Kris）说："出于这里没有讨论的原因，在疯子中寻找天才已经成为一种时尚。然而，临床经验表明，艺术作为一种美学现象——因此也是一种社会现象——与自我的完整性存在关联。尽管有很多过渡状态，但对于极端情况来说，结论是明显的。"自我的完整性当然正是精神分裂症患者所缺乏的。事实上，精神分裂症的典型症状之一就是所谓的自我的"碎片化"（fragmentation），因此患者与外部世界和他人都缺乏接触。

我提到过，服用迷幻药、仙人球毒碱或者其他致幻药物可能会刺激艺术家，让他对世界产生一种新的看法。毫无疑问，药物可以（非常短暂地）让人获得潜意识的灵感源泉。但是，习惯性地使用这些药物并不利于创造力。像大麻这样的毒品，尽管它可能会让人产生灵感，但却阻碍了对灵感的建设性利用，也会损害人的意志。爵士乐手似乎相信大麻能增强他们即兴创作的能力，但演奏和写作是两码事。一位作曲家承认，抽了大麻之后，他发现迷人的新曲调会毫不费力地涌入他的脑海，然而，他发现自己很难把它们写下来。当他完全清醒过来时，他失望地发现那些曲调已经从他的记忆中消失了。只要读过阿莱西娅·海特（Alethea Hayter）的学术著作《鸦片和浪漫的想象》（*Opium and the Romantic Imagination*），我们就会相信，鸦片所引起的幻觉带来的价值，远远不如上瘾所带来的痛苦。毒品和精神错乱一样，会损害自我的功能。对创造性的工作而言，进入心灵的内在领域是必不可少的。但与此同时，一个功能强大的自我——它能够进行判断、抑制瞬间冲动、做到坚持和控制——也极为重要。

第十七章

对同一性的探索

至此，创造性人才的形象已经逐渐浮现在我们面前，他是一个具有不同寻常的综合素质的人，而不是仅仅具有一种特定的品质。正是这些对立面之间的冲突，以及缓解这种冲突的需要，为创造提供了动力。我们有充分的理由断言，创造性人才既需要一条不同寻常的、通往自己内心深处的路径，也需要一种强有力的或者至少是适当程度的控制，以容纳和利用他在内心的发现。因此，认为创造的一个动机可能是对同一性的探索，这看起来似乎是自相矛盾的，因为一个人的自我认同感根植于自我的坚实发展。人们会认为，自我力量强的人无疑会对自身的独特性非常确定。此外，艺术作品带有如此强烈的个性印记，以至于人们往往很容易识别出这是谁的作品。然而，创造性人才通常并不像他们的作品所描绘的那样，表现出强烈的自我认同感。例如，济慈在1818年10月27日写给理查德·伍德豪斯（Richard Woodhouse）的信中，有一个著名的段落这样写道：

> 一名诗人是最没有诗意的，因为他没有自己的身份——他要不断地参与和填充其他的实体。太阳、月亮、大海、时尚的男男女女，作为有冲动的生灵，他们都是有诗意的，都有不变的特征——而诗人却没有。诗人没有自我，他绝对是上帝创造出的最没有诗意的生灵。如果诗人没有自我，而如果我又是个诗人，那么当我说自己不想再写诗了，又有什

么奇怪的呢？难道我不可以在那非常的一刹那，从萨图恩（Saturn）与阿普斯（Ops）①的个性出发进行思考？承认这一点是件挺糟糕的事情，但这就是事实：我说过的任何一个字都不能理所当然地被看成是从我这个人的自我中流露出来的——既然我没有自我，这怎么可能呢？当我和其他人待在一间屋子时，要是我不是在用自己的脑子构想和观察，那么我自己就不是自我的归宿，屋中众人的本我会开始对我施加压力，我会迅速消失——这种情况不仅仅发生在成人中间，在幼儿园的孩子中间也是这样。我不知道是否把自己的观点完全说清楚了，但愿你能有足够的了解，好明白我那天说的话是不可以作数的。

在1817年11月22日写给本杰明·贝莱（Benjamin Bailey）的另一封信中，济慈写道：

> 我希望你能了解我对天才和心灵的整个看法——但我又认为，就此而言，你对我内心深处的想法应该有全面把握，不然的话，你怎么能与我相交这么久，并且还觉得我配做你的密友。不过，我必须顺便提起一件近来一直压在我心头的事情，它令我更加谦卑、更能伏低恭顺，这就是我认识到的一条真理——天才的伟大在于他们像某些精微的化学制剂，能对中性的才智群体发生催化作用，但他们本身并无独特性，也没有坚决的性格。他们中的出类拔萃者有突出的个性，我称其为"有力量的人"……我对什么都没有把握，除了对心灵情感的神圣性和想象力的真实性。

---

① 萨图恩和阿普斯都是济慈未竟长诗《海伯利安》（*Hyperion*）中的人物。——译者注

然而，在济慈的诗歌中出现了一种极为明确的身份、一种相当个人的感知和对语言的运用。他可能觉得自己没有身份，很容易被别人淹没，但他的作品并不能证明这一点。该如何解释这个悖论呢？

创造性人才似乎有一个心理特征，就是他们有改变和发展的能力。毫无疑问，这与他们既能接受自己的感觉和情绪，又对外界的印象和新思想持开放态度有关。例如，虽然贝多芬的大部分作品都能被清晰地辨认出来，但他的早期、中期和晚期作品之间存在着相当大的差异。我们有理由假设，尽管我们可以在他不同时期的作品中看到同一个身份贯穿始终，但是贝多芬的自我感觉可能会有很大差异。在创作一系列新作品的过程中，创作者会意识到自己内心的变化，而这些变化普通人可能无法察觉。而且，对创作者来说，这种变化可能比持续存在的变化更引人注意。此外，为了反复体验带来新思想的灵感，创造性人才可能需要更多的消极等待，因此他不那么容易认识到济慈所说的真正的自我。有许多人低估了自己的力量、魄力和行动的能力，因为他们认为自己是被动的容器，等待着被装满。正如精神分析学家查尔斯·莱格夫特（Charles Rycroft）所说，身份可以被定义为"一个人作为一个区别于他者的实体所体验到的持续存在的感觉"。很容易理解，一位创造性人才创作一部接一部的新作品，这些作品可能就像贝多芬的第七和第八交响曲那样彼此截然不同，因此他很可能会对自己存在的连续性产生怀疑，即使外部的观察者可能会非常清楚地看到这种连续性。

创造性人才常常对自己的成果感到惊讶，有时甚至感觉它是别人创造的，这一事实证明了上述观点。对多年的工作进行回顾时，他往往会惊讶地发现，自己身份的红线贯穿在一系列作品中，而他在进行构思时总是认为这些作品是截然不同的。他还经常发现，似乎昨天才出现在脑海的想法，实际上已经隐含在自己早期的作品中，并且有明显的前兆，只是没有引起自己的注意。事实上，创造性人才往往比他自己想象的更具有延续性。正如英国诗人T.S.艾略特（T.S. Eliot）的墓志铭所言："我的开始之日便是我的结束之时，我的结束之时便是我的开始之日。"

我们已经谈到,创造性人才需要反抗过去。这种反抗往往是非个人化的。也就是说,它反对的是思想、技术和观点,而不是人。正如我们看到的,创造性人才通常有一种用非个人化代替个人化的特殊倾向。在认知层面,他可能是一个革命者,但在情感层面仍与父母绑在一起。这样一来,他作为一个思想家或者创造者的身份可能得到了确立,而他作为一个人的身份却得不到确立。

波德莱尔就是一个很好的例子。没有人比他更像一位革命者了:他反对教会,反对传统道德,反对一切资产阶级价值观。然而,直到临终之前,他还在写信给自己的母亲,渴望与她和好——他其实是在母亲的怀里离世的。《恶之花》(Les Fleurs du Mal)里那位表面上纵情声色的诗人,对童年的"纯真"有着深切的怀念。"芬芳的天堂,你是那么遥远……那洋溢着童贞欢爱的绿色天堂。"顺便提一下,波德莱尔也是一位具有明显的强迫特质的创造性人才。尽管极为贫困,他还是在着装方面煞费苦心。他是一位一丝不苟的作家,对写下的每句话都要反复润色。他对肉体的幻灭和厌恶,足以抵消他在肉欲上的放纵。他相信人性本恶,唯有通过自律和追求纯粹的精神价值才能实现超越。

更多的普通人通过直接的方式反抗他们的父母,尤其是在青少年时期,这是获得认同感的重要一步。这种认同感后来得到了强化,这是因为一方面,他们通过工作获得了生活中的角色;另一方面,通过在原生家庭之外建立新的关系,特别是与异性的关系,他们对个性的定义不断变得丰富。

正如埃里克森敏锐地指出的那样,早期恋爱关系的很大一部分是对话,即在观点、品位、生活方式等方面一起探索异同,发现男女差异。在这两个方面,创造性人才可能与普通人有很大的不同。尽管对创造性人才来说,被贴上"作家"、"作曲家"以及"画家"的标签带来的意义与普通人有着明显的区别,但他的工作本质上是孤独的。在一位年轻医生从事专业工作的过程中,同事和病人对他的认可会不断地加强他的认同感。作家却很少有这样的体验——也许只有在他的著作出版的时候。同样，一个画家可能要等上好几年，在举办下一次画展的时候才能体验到认同感。如果说创造性人才尽管拥有"强大的自我"，对自己的认同感却不那么强，缺乏他人的持续强化可能是另一个原因。此外，创造性人才往往借由痛苦的经历学会了保密。就像我们之前说的，新的思想如同娇嫩的新芽，最好不要过早地暴露在评论之下。伟大的艺术家很少是伟大的演说家，而当他们像英国作家奥斯卡·王尔德（Oscar Wilde）那样侃侃而谈时，人们会有这样的印象：如果他们少说话，就会创作出更多有持久价值的作品。然而，这种必要的保密意味着，创造性人才在交际中往往比普通人更少地暴露自己，因此可能无法体验到认同感的加强，因为这种认同感来自一个人的"真实自我"与他人的"真实自我"的真实交流。济慈显然是一个极端的例子，因为他不仅声称自己"没有自我"，没有真情实感，而且还说他人的身份容易将自己湮灭——这是精神科医生熟悉的抱怨，因为精神分裂症患者也会不断地重复这种抱怨。莱恩（R. D. Laing）在《分裂的自我》（*The Divided Self*）一书中精彩地描述了他们如何建立"虚假自我"来适应环境："虚假自我"会顺从他人的意愿，但实际上是一个掩盖个人真实身份的面具。正如我们看到的，创造性人才可能患有精神分裂，也可能没有，但是，他们在交际中的行为举止和精神分裂症患者并无二致，因为他们出于上述原因隐藏了自己的"真实自我"。这就是为什么在见到备受尊敬的艺术家或者作家本人时，人们往往会感到失望。他真实的身份体现在作品中，而在社交场合呈现给世人的，要么是一个虚假的人格面具，要么只是自己很小的一部分。

　　第七章简要讨论了用创造性作品来替代自我的问题。这与众所周知的创作瓶颈现象有关。一位作家或者作曲家可能会反复遭受完全无法创作的魔咒之苦，尽管他一直在努力创作。这是一种极度痛苦的精神状态，创造性人才经常为此寻求精神科医生的帮助。有时，这种挫败感会出现在躁狂-抑郁气质者身上，这是因为情绪转向了抑郁的结果；还可能是因为其试图过早地开始一项新工作，还没有足够的时间进入孵化期，正如罗素发现的那样（见第四章）。对拥有强大超我的人来说，在一项新工作的初始阶段，当他们做白日梦、胡思乱想、阅读、倾听和被动地期待时，往往会觉得自己做的事情毫无用处，但所有这些可能都是孕育未成形的概念的一部分。结果，这样的人一开始就犯了错误，即想要达到完美却操之过急。他们需要理解老子《道德经》所说的"道常无为而无不为"这句话所包含的真理。偶尔，艺术家对创作受阻的焦虑会变得极为严重，因此会考虑甚至尝试自杀。在这种情况下，个人的身份已经完全体现在作品中，以至于作品的成败完全取代了个人在人际关系中的成败。这些人不再期待别人用他们想要的方式爱自己，这通常是因为他们在小时候没有得到过爱。

当作品涉及过多的因素，也就是说，当它包含一个人的全部自尊和自我意识时，创作就会变得极其困难。所有的作品都需要拥有一种游戏的元素，以及一种相当客观的工匠元素。无论一件作品具有多么重要的意义，在某种程度上它也必须是有趣的。如果生命中的每一种价值都与它捆绑在一起，作品就失去了趣味性。恋爱也是如此。这种将不一定属于作品的价值投射到作品上的做法，也让艺术家无法与作品保持心理距离，而在第十一章，我们看到这种距离是必须的。理想情况下，作品本身就应该是目标；或者更确切地说，让作品成为对立面的调和者，成为外部世界和内在世界之间的桥梁应该是艺术家的目标。由于感到不安全，艺术家用作品来证明自己是为人接受的以及有能力的，这就类似于有些男性把性行为作为证明自己的手段，而不是表达爱的方式。这种焦虑通常来自性器期，在这个阶段，性器官的大小和功能是一个经常被关注的问题。创作瓶颈是一种有趣的状况，需要进一步的探讨。但它与身份问题有关，这是毋庸置疑的。如果要真正完成作品，艺术家就必须在作品之外获得某种程度的个人认同感。

刻板的自我意识也可能是一个艺术家创作时面临的障碍。尤其是对小说家来说，不太确定自己是谁可能是一种优势。小说家的部分任务是设身处地代入不同的人物角色——事实上，就是能够"认同"他们。在这方面取得成功的小说家中，最著名的例子可能就是托尔斯泰。谁能想到一个男人能在《战争与和平》（*War* and Peace）中如此细腻地描绘一个年轻女孩第一次参加舞会时的心情。娜塔莎（Natasha）的不安、兴奋、羞怯和幸福，全都清晰地跃然纸上——几乎无法令人相信，这居然并非出自一位女性之笔。的确，高尔基认为，托尔斯泰描写女性内心情感的技巧应归功于他妻子索尼娅（Sonya）的帮助，但正如每个作家都了解的，这种帮助其实是有限的。一个作家的创作要想有说服力，就必须来自他自己的内心世界。托尔斯泰肯定有一种不同寻常的能力，能够把自己与异性联系起来，这是一种与我们已经评论过的"女性气质"密切相关的性格特征。同样，我们也可以谈谈托尔斯泰在50岁的中年危机之后发生的转变，其间他患上了抑郁症。他开始倡导非暴力、自甘淡泊和禁欲主义，并把自己原本幸福的婚姻带进了灾难性的冲突中。他的转变证明，他并不拥有一种牢固确立的身份。在他潜意识中，必定潜藏着一种"对立"。或者更确切地说，就托尔斯泰而言，这种对立在于作品本身，因为《战争与和平》对婚姻之爱和幸福的描绘，与《克莱采奏鸣曲》（*The Kreutzer Sonata*）对婚姻和性的强烈抨击相互矛盾。

对普通人来说，放弃对父母和其他人的多重认同，是发现自己独特、真实身份的开始。正如埃里克森所说："最后，同一性形成开始于自居作用的用途结束之时。它产生于对儿童时期的各种自居作用的有选择的抛弃和互相同化，并将其吸收为一个新的完形……"在之前的文章中，埃里克森将这种新的结构称为"一个新的独特的完形，而不仅仅是各个部分之和"。看来，至少有一些创造性人才终其一生都在努力寻找和巩固自己的认同感，而这为他们的创造性努力提供了动力。美国作曲家亚伦·科普兰（Aaron Copland）在1951—1952年的查尔斯·艾略特·诺顿（Charles Eliot Norton）讲座《音乐与想象》（*Music and Imagination*）中很好地阐述了这一点。

> 对自己的艺术认真思考的作曲家迟早会自问：为什么作曲对我的心灵如此重要？是什么让它显得如此绝对必要，以致相比之下其他日常活

动就显得不那么重要了？还有，为什么创造的冲动永远得不到满足？为什么总是要重新开始？对第一个问题，即为什么需要创作，答案总是相同的——为了自我表达，而这是一种表达自己对生活最深切感受的基本需要。但为什么创造性工作永远没有止境呢？为什么总是要从头再来？在我看来，促使人们不断重新创作的原因，似乎在于每增加一部作品，都会带来一种自我发现的元素。为了了解自己，我必须进行创作，因为自我认识是一种永无止境的探索，所以每一部新作品都只是"我是谁"这个问题的部分答案，并且带来了继续寻找其他各个部分答案的需要。

顺便提一句，那位问"在听到自己说什么之前，我怎么知道自己在想什么"的女士，正在阐明一个类似的真理。因为用文字（或者音乐、绘画）把事物表达出来，确实可以让尚未完全被意识到的事物进入意识层面。通过将内心的东西转移到"外界"，我们改变了对它们的态度。一个幻想在未被言明或者描写之前，而是藏匿于内心时，人们对它的理解与已经被客体化之后的幻想是不同的。这不仅是因为，一旦被写下来或者说出来，这个幻想就可以与另一个人交流和分享，而且还因为它成了一个与人分离的客体，可以被思考和研究。人们对它的反应可能是积极的，也可能是消极的。当唾沫还在我们嘴里时，我们会欣然吞下，但是，如果有人给我们一杯唾沫，我们的态度就会变得截然不同。我们对幻想也会产生同样的反应。另一方面，当创作者看到自己几年前或者已经被遗忘的作品时，他们往往会感到惊讶和高兴，尤其是抑郁气质的创作者，这是因为他们常常低估自己的优秀之处。

发现真实的想法和感受是建立独特身份的一部分，而创作是实现这个目标的一种方式。但是，人们可以想象，科普兰所说的那种动机只能产生于这样一种人：由于这样或者那样的因素，他从未对自己的身份有过非常坚定的认同感。而正如我们看到的，对那些似乎有着强大自我的人来说，这是一个意想不到的发现。对这个明显的悖论，我已经给出了一些可以部分地进行解释的答案，但没有一个是完全令人满意的。看来，尽管创造性人才可能拥有强大的自我，但自我的一些假设的功能并未进入他们的意识层面。创造性行为的美学和模式塑造部分当然不完全是意识层面的，尽管人们在将它们与来自本我的无差别的情感进行对比之后，期望它们属于意识层面。美国诗人罗伯特·弗罗斯特（Robert Frost）说："每次我开始写一首诗的时候，从不知道它的结尾是什么。"T. S. 艾略特则声称："在开口之前，诗人并不知道自己要表达什么。"在这里，他们指的并不仅仅是内容，也包括形式；而形式是创造力中与意识、判断、控制和其他自我的属性联系最紧密的部分。许多人对使用迷幻药经历的描述清楚地表明了这一点。例如，在仙人球毒碱的作用下，对颜色的感知增强了，但却牺牲了对形式的把握；在测试中，被试可以随意选择不同颜色的正方形、圆形和三角形，结果在仙人球毒碱的作用下，他们通常会按颜色进行分类，尽管之前他们可能是按形状进行分类的。听觉的感知也是如此。使用仙人球毒碱之后再听莫扎特的四重奏，就像听一位19世纪作曲家拙劣的早期作品一样，毫无形式感。感官的欣赏也会因此增强：运弓的手法、揉弦的颤动，这些都是对听觉感知的本我反应。但是，对乐曲的统一性、对作曲家对时间的把控以及对主题的回归的鉴赏力却丧失了。眼前的感知成为唯一重要的事。

如果我们的假设是正确的，即与我们大多数人相比，创造性人才的自我更加"分裂"，而且他们对自己的"另一面"有更深刻的了解，那么他们中的许多人似乎有身份认同的问题也就不足为奇了。在内心拥有对立面，并不等于能够在意识层面了解这些对立面。而且，正如我在第十五章指出的，一般人通常会认同自己的"人格面具"，即他呈现给世界的一面，而很少意识到自己内心的分歧。

由于创造性人才更能意识到这些分歧，所以他们会在认识自己是谁，以及在矛盾的对立面中形成统一的整体方面遇到更大的困难。为什么要把这种一致性作为研究的对象，这是一个很难回答的问题。为何人们会因为自身个性中的不一致或者外部世界中的不一致而感到困扰呢？

近年来，心理学界非常关注这个问题。例如，当我们发现自己非常喜欢的人持有的观点或者品位与自己完全相反时，我们会觉得不舒服，对这种不适以及我们处理不适的方式，已经有人通过实验进行了研究。根据实验者所支持的不同理论，心理学家将这些研究分别命名为"一致性－非一致性"（congruity-incongruity）研究、"平衡－失衡"（balance-imbalance）研究，以及"协调－失调"（consonance-dissonance）研究。虽然这些研究的重点不同，但研究的内容基本相同：人的心灵在发现不一致时感到不舒服的强烈倾向，以及随之产生的消除这种不适，以各种方式恢复或者达到某种统一的同样强烈的倾向。如果要举一个有关"协调－失调"理论的著名例子，我们可以简单地谈谈费斯廷格（Festinger）、里肯（Riecken）和沙克特（Schacter）的研究《当预言失败时》（*When Prophecy Fails*）。其内容是，当先知的门徒发现，他们狂热信奉的精神领袖的坚定预言最终被证明是错误的，他们会如何应对。玛丽恩·基奇夫人（Mrs. Marion Keech）自称受到了来自外太空的信息的指引，并且成功地吸引了一群信徒，他们相信她得到了神示。她预言，某个美国城市将在某个特定的日子被洪水摧毁，但她和她的追随者将被飞碟解救出来。可是在那一天，她预言的灾难并没有发生。于是，她的追随者们只能做出选择：要么认为她是一个假先知，放弃对她的深沉信仰；要么找到一些解释，为她明显的失败进行辩护，同时保留他们的信仰。结果，与他们敬爱的先知最亲近的信徒们不仅接受了她的解释，即这座城市之所以得以幸免，是因为他们对她有着坚定的信仰，而且，他们还从一群安静腼腆的人变成了积极的传教者。进行相关研究的心理学家实际上已经预测到了这种举动，因为他们从以往的经验中知道，当一个强烈的信念受到威胁时，信仰者会试图通过赢得更多的社会支持来巩固它。

同样，吸烟者如果知道自己的习惯在某种程度上是危险的却无法戒除，就会对吸烟有害的宣传视而不见，转而寻找其他志同道合的吸烟者，并想尽一切权宜之计来解决盘旋在他们头脑里的两个互相冲突的声音："吸烟是危险的。

我喜欢吸烟。"

为什么人们无法轻松地生活在不一致中？可能是因为，不一致会导致行动的瘫痪，就像"布里丹毛驴效应"里那头可怜的毛驴，在两捆干草之间犹疑不决、无所适从，最后被活活饿死。一个人不能既吸烟又戒烟；同样，爱一个人又讨厌他会很难。问题归根结底在于一种矛盾心理。

大多数人会通过置换或者压抑来应对矛盾心理。如果一个孩子的父母虐待他，但他仍然依赖他们，他就会经常否认父母"坏"的方面，压抑自己的仇恨，因此会出现一些症状，例如咬指甲或者扯头发。这表明被压抑的攻击性被置换了，转向了反对自我。然而，只要一个人足够强大，能够承受这种冲突，就可以找到另一种处理内心不相容和对立部分的方法，而这正是创造性人才采用的方法。正如我们看到的，创造性人才的一个特点就是能够容忍不和谐。他们能看到别人看不到的问题，也不试图否认这些问题的存在。最终，问题可能会得到解决，以前互不相容的部分可能会形成一个新的整体。正是因为创造性人才可以容忍不和谐带来的不适感，才使找到新的解决方案成为可能。这个过程在科学发现中很容易看到，我们前面已经给出了例子。在艺术作品的创作过程中，也可能发生类似的情况。我已经在前面讨论了一些创造性艺术家对同一性的追求。并且我提出，如果这是他们的一种特殊需求，那么这种追求很可能与试图调和内心的不相容或者对立有关。当然，这与同一性的问题密切相关，因为同一性或者说自我认同感，是一种统一感、一致感和完整感。如果一个人总是意识到，有两个或者更多的灵魂在自己的内心交战，他就不可能体验到"持续的存在感"。以托尔斯泰为例，他内心的禁欲主义和享乐主义从未达成和解，所以他进行创作的其中一个原因无疑是试图实现这一点。福斯特（E. M. Forster）写下的这段话可能是他被引用最多的一段话，他是在说明他在自己内心发现的问题，这个问题在他的小说中表现得如此鲜明："只有把平淡与激情联结起来，两者才能得到升华，人类的爱情才能达到顶峰。碎片化的生活不复存在。只要联结起来，随着伴随左右的孤独感的消失，僧侣和野兽也不复存在了。"也许正是因为成功地实现了这种调和，所以在完成《印度之行》（*A Passage to India*）后，他不再创作小说了。他的动力消失了。然而，在早期的小说中，这种冲突是显而易见的。比如，在《天使不敢涉足的地方》（*Where Angels Fear to Tread*）中，意大利牙医的儿子吉诺（Gino）与迷恋他的来自英国中产阶级家庭的女儿之间存在着反差。福斯特意识到，循规蹈矩、彬彬有礼的自由主义是有缺陷的，而生机勃勃的力量来自某种更原始的东西，即一个超越善恶的"自然"人。他发现，这个人潜伏在自己体内，他试图对他进行描绘，但只成功了一部分。

总的来说，弗洛伊德学派的精神分析相对较少关注我们了解的整合或者调和对立面的功能。弗洛伊德当然相信存在这类功能，正如查尔斯·莱格夫特所说，精神分析治疗的主要目的就是"恢复自我失去的部分，并促进整合"。他认为，对无意识的意识化可以恢复内心的完整性与健康，尽管它可能不会增加幸福感。精神分析的宗旨一直是用现实的评价来取代神经症的痛苦，并不一定是让人快乐。

然而，在那些晦涩难懂的作品中，荣格以一种特殊的方式研究了整合的象征。这种方式确实给人启示，或者至少暗示了人类内心的对立面达成和解的过程。下一章，我将对荣格的观点与整合可能的相关性进行说明。

第十八章

整合的象征

就像弗洛伊德和其他很多创造性人才一样，荣格如此热爱自己的思想，以至于他很容易把它们过度引申。他最基础和最原始的诸多见解，似乎都来自一个特殊的患者群体，他们与普通的神经症患者有很大的差异。这就是荣格的思想在某种程度上被忽视的原因之一。一位神经症患者打开荣格的书，希望对自己的个人问题有更深入的了解，但是，当他发现书中基本上都是有关三位一体的专题论文，或者是关于炼金术的论述时，就很容易望而生畏，因为这些主题似乎与构成他自身症状的恐惧、强迫、抑郁和焦虑没有联系。此外，与弗洛伊德不同，荣格的著作晦涩难懂，正如他自己承认的那样，他经常词不达意。然而，在我们所论述的创造性这个领域，荣格的思想具有特殊的相关性，尽管他可能会对我们使用这些思想的方式不太赞同。

纵观全书，我们一直都在强调，每个人的自我都是分裂的，这是人性的一部分。而神经症患者由于控制装置的缺陷（虚弱的自我）不得不遭受神经症症状的折磨，正如我们所有人有时都会经历的那样。创造性人才的自我可能比我们大多数人更加分裂，但与神经症患者不同的是，他们的自我很强大。尽管他们可能会周期性地出现神经症症状，但他们有一种特殊的力量，可以组织和整合自己内部的对立面，而不用诉诸置换、否认、压抑和其他防御机制。因此，创造性人才以及具有创造潜质的人，可能会因为内心的分裂而痛苦忧愁，但并不一定会表现出神经症。

值得注意的是，荣格的病人表现出的特征之一是，他们并没有患上任何普通类型的神经症，比如歇斯底里症或者强迫性神经症。以下是荣格对他们的描述：

> 我手头的临床资料构成比较奇特：新案例显然占少数。他们中的大多数人已经接受过某种形式的心理治疗，取得了部分治疗效果，或者效果并不好。在我的个案中，大约有三分之一的人并没有患上任何临床可定义的神经症，而是因为他们的生活毫无意义且漫无目的来求助。如果称之为我们这个时代普遍的神经症，我不会表示反对。在我的病人中，足足有三分之二的人处于人生的后半生。

正是基于对这类病人的研究，荣格形成了他所谓的自性化过程（the process of individuation）的概念。广义上讲，自性化是指通过调和内在的对立因素与自己和解。它也意味着一个人实现其全部潜能，因此也可以称为"自我实现"（self-actualization/self-realization）或者是获得成熟（maturity）。尽管大多数持有不同信念和观点的精神分析学家非常关注人际关系（客体关系），但荣格主要关注的是一种完全内在的发展——至少在考虑这些病人时是这样。显然，如果一个人可以更好地进行整合或者实现自性化，他就能与他人建立更好的关系。那些不接受或者不喜欢自己的人，或者那些使用虚假身份的人，很难与他人建立令人满意的关系。但是，正如荣格特别指出的那样："我的大多数病人都是社会适应能力很强的人，往往能力出众，对他们来说，正常化毫无意义。"换句话说，他们与普通的神经症患者很不一样。普通的神经症患者无论表现出什么症状，都无一例外地有人际关系方面的困扰，而且他们通常会因为自己无法在这方面获得满足而明显地感到忧虑。

这类患者的存在支持了这样一个论点：人类特殊的情感发展决定了他永远不

可能从人际关系中获得完全的满足。其内在的"神圣的缺憾"迫使他去寻找其他的快乐之路。在一篇文章中,弗洛伊德似乎认识到了这一点,尽管他未能从生物学上对此进行解释。在早期的一篇论文中,弗洛伊德暗示了客体关系和性欲可能不足以带来完全的满足,他写道:"我相信,无论这听起来多么奇怪,我们必须考虑到一种可能性,即性本能本身的某些性质并不利于完全满足的实现。"

荣格的特殊患者群体因为"生活毫无意义且漫无目的"而感到痛苦。我们可以从中推断出,他们中的许多人都属于其他精神病学家所说的"分裂"这一类,因为正如费尔贝恩指出的那样,空虚感是分裂特质的典型特点。正如我们已经描述过的,把理性与情感截然分开是分裂型精神病理的一个特征,如果他们寻求分析,精神分析师会试图弥合这个鸿沟。我们没有理由推断荣格的病人都具有创造力,尽管众所周知,一些创造性人才曾在荣格那里做过咨询,或者跟他保持着友好的关系,包括英国作家詹姆斯·乔伊斯(James Joyce)。但有趣的是,荣格在为这些见多识广、阅历丰富、不同寻常的人进行治疗时,采用的方法是充分调动他们的创造性。正如他自己写的:"医生所做的与其说是治疗,不如说是发展病人自身潜藏的创造性的各种可能性。"

荣格并不急于让他的病人创作出艺术作品,但他非常在意他们能否通过写作、雕塑、绘画或者他们喜欢的任何方式运用他们的想象力。这种特殊的技巧后来被称为"积极想象"(active imagination)。

尽管在荣格的分析技术中,梦的解释仍然扮演着重要的角色,但对那些他所谓"悟性更高的病人"来说,积极想象至少是同等重要的。刻意地以这种方式使用幻想与创作过程有着密切的联系,因为这需要进入那种幻想的状态,而我已经将这种状态描述为产生创作灵感的典型条件。换句话说,荣格有意地利用心灵的创造潜力,以此作为一种治疗方法。

荣格认为,心灵和身体一样,是一个自我调节的实体、一个包含不同对立面的平衡系统。在这个系统中,过于偏离中心点的差异将通过相反方向的尝试自动获得补偿。因此，一个野心勃勃地试图超越自己天生能力的人，可能会梦见跌倒或者眩晕；苦行僧会被肉欲的幻想所困扰；风流浪子会被迫获得灵性的觉醒；过分善良的人不得不接受自己性格中的"阴暗面"。这种看待心理功能的观点有其局限性。至少在我看来，借助弗洛伊德的防御、压抑等术语，似乎可以更好地理解很多神经症症状。事实上，明显的神经症症状，如歇斯底里性头痛、强迫性仪式、恐惧症等，如果要完全理解它们，就需要遵循弗洛伊德的思路。但是，正如我们看到的，荣格的病人并没有出现神经症症状，尽管他认为他们患有神经症。他们中的一些人似乎患有弗洛伊德学派分析师所说的人格障碍，即可能是终生的发育不良造成的人格扭曲。在这种扭曲中，神经症性的态度与整个人格完全融为一体，以至于人们不能再认为是一个完整的人受到神经症症状的攻击，就像遭受结核病或者其他身体疾病的攻击。对这类患者来说，对个别症状进行分析并不是首要的问题，而荣格有关心灵自我调节的观点会带来很大的帮助。而且，它与现代生理学和控制论的观点是一致的。人体化学依赖于许多自我调节机制，这些机制有助于保持血液中氢离子成分的恒定。我们完全有理由认为，人的心灵也是以同样的方式运作的。

无论如何，荣格假设，通过鼓励病人用积极想象的技术去寻求创造性的幻想，可以让他们接触到自己的"另一面"——他们的内心世界，从而促进自我调节过程的发生。

因此，自我（ego），即有意识的、理性的"我"不断地对抗着非理性的材料。如果我们不能认为这种非理性的材料是直接从无意识中产生的——因为病人允许它在清醒时出现，至少可以说，与有意识的推理相比，它与无意识的神秘领域有着更密切的联系。这种对抗的结果是出现了一种新的人格组织，在这种组织中，控制的天平从自我转移到了荣格所说的自性（self）。在这里，我们不会对自性化过程或者自性的概念进行详细的描述。一言以蔽之，荣格有充分的理由相信，人必须承认对自身内在力量的依赖，这种力量既不是完全理性的，也不受他的意志控制。当他这样做时，就不再把自我置于心理功能的最高层次。

荣格从宗教的角度描述了这种转变，他意识到，尽管他那些"自性化"的病人最终可能不会对正统教义表示认同，但其新观点与宗教态度存在着共通之处，因为他承认自己依赖某种东西，而不是其所认同的"我"。他依赖的到底是存在于心灵之外的"上帝"，还是存在于心灵内部的"自性"，这都无关紧要。态度才是最重要的。有趣的是，接受过正统弗洛伊德学派训练的精神分析师查尔斯·莱格夫特写道："精神分析与那些内心信奉上帝的宗教观点似乎未必是不相容的。的确，人们可以争辩说，弗洛伊德的本我［甚至是德国医生格罗德克（Groddeck）的'它'（it）］，即一种非个人的力量，既是自我的核心，但又并非自我。与其疏远时，人们就会抱恙。它是洞察力的一种世俗表述，这种洞察力使有宗教信仰的人相信上帝是无所不在的。"

与我们目前对这一观点的探讨相关的是，创造性人才的态度以及其创造性作品与荣格的描述有很多共同之处。正如我们看到的，创造性人才常常会描述他们的灵感源于自觉意志之外。此外，创造性人才内心的分化尤为明显，对立面非常突出。似乎有可能，当创造性人才创作一部新作品时，他们实际上是在试图用荣格所描述的方式调和对立面。荣格的许多病人都画了曼陀罗，这些圆形的图案象征着对立面的结合以及新的人格中心的形成。荣格在《金花的秘密》（*The Secret of the Golden Flower*）中文版的注释中，给出了许多古代和现代曼陀罗的例子。正如他所说，曼陀罗不仅在东方出现，在西方也能找到。更具体地说，它不仅存在于中世纪的基督教文本中，在普韦布洛印第安人的沙画中也可以看到它的身影。"曼陀罗的形状多为花、十字或轮子，而且明显倾向于以四为结构基础——这让人想起了毕达哥拉斯哲学中的基本数'圣四'（Tetraktys）。"

荣格没有提到的一个事实是，曼陀罗也经常出现在幼儿绘画发展的一个阶段。美国学者罗达·凯洛格（Rhoda Kellog）通过对儿童绘画的大规模研究，从中发现了一个有规律的顺序，即（1）涂鸦；（2）图形；（3）结合体；（4）集合体；（5）

图画。在图形阶段，可以发现6种基本形式，圆是其中之一。根据德斯蒙德·莫里斯的说法，"画圆的动作变得越来越熟练和简洁，直到3岁时，孩子画出了第一个圆圈。现在，这些圆圈以一种纯粹的形式出现了，它们看起来是空的，于是孩子开始用点和线填满它们。接着，他们进一步产生了在圆圈上划线的想法，开始用各种方式画出与圆圈交叉的粗线。在这个过程中，孩子还学会了画'十'字，并把两个'十'字组合成一个星形。在给圆圈划线的同时，他们发现星形是一个完美的图形，可以用来做一个令人满意的对称图案。这个圆内的双'十'字成为曼陀罗图案的基本集合。凯洛格认为，这是前表征绘画中最重要的单元。它非常普遍和常见，似乎对后续的阶段有着至关重要的作用"。

因此很自然地，曼陀罗图案代表了心灵中对立力量的重新结合——在曼陀罗图案中，对立力量可以结合并被封闭在一个圆圈内。事实上，很难想象有更简单的方式来描绘这一点，尽管曼陀罗的复杂程度各有不同，从简单而熟悉的、象征着阴阳结合的图形，到令人难以置信的、设计精巧的图案。值得注意的是，苏珊·朗格已经对此得出结论说，圆形的曼陀罗是一种象征，这种象征并非来自描绘外部世界中的花朵或者其他物体的尝试，而是根源于心灵本身的一种重要图案，描绘的功能随后依附于它。在对遍及世界的圆形和玫瑰花形图案进行讨论时，她写道："通常，我们认为这种构图不是图形化的几何形式，而是约定俗成的花的写照。一般人都会设想，最初人们描摹真实花卉的外形，而后不知是出于什么原因，人们从真实的画面中'抽象'出所有这些古怪的图形。在我看来，对装饰性艺术和最早的再现性艺术进行的对比性研究实际上已经强有力地说明形式是第一位的，而描绘功能产生于形式。"

荣格在描述他的病人对整合的追求时，也在描述创造的过程。他可能同样很好地使用了创造性的语言，就像使用宗教语言一样。艺术作品与曼陀罗有许多共同之处，就像曼陀罗可以被视为原始的艺术作品。对艺术家来说，艺术作品也服务于和曼陀罗相同的目的，即统一自身内部的对立面，并由此整合自身的人格。

荣格和他的追随者喜欢用一劳永逸的成就来描述自性化的过程，比如成熟、自我实现、性成熟等。但每一位经验丰富的心理治疗师都知道，人格发展是一个永远没有止境的过程。刚完成一次新的整合，画出一个新的曼陀罗，就会发现它还不够完满。紧接着必须进行新的整合，将一些被忽略的其他元素包括进来，或者努力更加完美地表达新的见解。

亚伦·科普兰说过："在我看来，促使人们不断重新创作的原因，似乎在于每增加一部作品，都会带来一种自我发现的元素。为了了解自己，我必须进行创作，因为自我认识是一种永无止境的探索，所以每一部新作品都只是'我是谁'这个问题的部分答案，并且带来了继续寻找其他各个部分答案的需要。"他用另一种方式表达了相同的需求。那些意识到自己内心存在着尖锐分歧的人，会不断地被驱使去创造，这一方面是出于弥合分裂的需要，另一方面是为了塑造或者发现自己的身份。用荣格的话来说就是："通过这种方法，病人可以让自己获得创造的独立，如果我可以这样称呼它的话。他不再依赖自己的梦想，也不再依赖医生的知识。相反，通过描绘自己，他塑造了自己，因为他所画的是对内心活跃的自性的积极幻想。自性是全新而陌生的，不再带着他之前的错误造成的伪装（把个人的自我误认为自性），而他的自我似乎成为他内心工作的对象。在无数的画面中，他努力抓住这个内在的代理人，但最终发现它永远是未知和陌生的，是精神生活的隐秘基础。"

作为一种表达新的统一的形式，曼陀罗会从心灵深处自发地出现。同样，创造性作品的形式也是从自我之外的某个领域浮现的。创造性人才很清楚这一事实，但这却给弗洛伊德学派的分析师们带来了极大的困扰，因为他们一直认为本我是一团混乱的非理性冲动，而形式则是意识为此施加的秩序。正如英国艺术理论家安东·艾伦茨威格所说："原始过程是深层无意识古老的、完全非理性的功能，对于这一观点我们正在进行大刀阔斧的修正。用玛丽恩·米尔纳的话来说，这种修正一部分原因是需要适应与艺术相关的事实。这些事实有力地表明，未分化的基体（undifferentiated matrix）在技术上远远优于聚焦狭窄的意识过程，因为它的聚焦范围更广，可以对序列结构进行理解，而不用考虑时间和空间的顺序。勋伯格在处理一个主题时不考虑时间顺序，这并没有什么原始或者幼稚的地方。"后来他补充道："无意识的这种建设性作用很难被人们接受。"如果人们必须坚持经典的弗洛伊德理论的话，事实也的确如此。另一方面，荣格在无意识中发现了创造的潜力，并且认为心理具有自我调节的能力，"神经症"在让片面发展的心理恢复平衡方面具有潜在的积极作用。因此，他可以看到无意识的建设性作用。事实上，有人可能会说，荣格有点像潘格洛斯博士（Dr Pangloss）[①]，因为他倾向于认为病人表现出来的这些症状只具有积极的补偿功能，因此忽略了消除症状的幼稚性，而弗洛伊德学派的分析师很快就会着手处理这些症状。

然而，毫无疑问的是，荣格对对立面象征性统一的过程的洞察，与艺术作品的创作过程非常相似。在第十二章，我引用过哈里森·高夫的名言，它非常贴切，值得在这里再重复一遍："无论如何，一件作品必须给人一种和解的感觉，以一种审美与和谐的方式缓解原始状态下出现的不和谐。例如，艺术作品通过重新排序使得形式和空间的紧张关系达到平衡，从而缓和了观察者内心的冲突，让他获得了一种相遇感和满足感。"

正因为伟大的创造性艺术家能够在他们的作品中为我们做到这一点，所以我们从艺术中获得的远不止单纯的愉悦。在对创作者产生认同的过程中，无论这种认同多么短暂，我们都可以参与到他为自己进行的整合过程中。艺术家处理的问题越有普遍性，其作品对普罗大众的吸引力就越强。正因如此，在艺术家的作品中，追求个人化的、神经质的和幼稚的东西最终是没有成就的，尽管它往往很容易引起人们的兴趣。正如英国美学评论家理查德·沃尔海姆（Richard Wollheim）所言："与白日梦相比，艺术作品的独特之处在于，它摆脱了过于个

[①] 潘格洛斯博士是法国哲学家伏尔泰（Voltaire）所著小说《赣第德》（*Candide*）中的人物，他是一位乐观主义哲学家。——译者注

人化或者彻底外在化的要素，这些要素会立即使得幻想的生活毁灭和枯竭。"在不同程度上，我们拥有的内在世界与外部世界是存在差异的，并且这些内在世界的内容与由此产生的冲突有很多共同之处。而伟大的创作者由于其冲突具有普遍性，所以当他们在自己的作品中找到一条新的和解之路时，就会吸引每一个人。正如我们观察到的，传统上被认为会导致神经症的创伤，确实在艺术家和其他创造性人才的生活中扮演着重要的角色。不过，艺术家的力量和他所拥有的技术，使他能够超越个人化的部分，将个人的剥夺与人类普遍的缺憾联系起来。我们都遭受过剥夺，我们都失望过，因此在某种意义上，我们都是理想主义者。让理想与现实彼此连接的需求是一种永恒的张力，只要生命还存在，这种张力就永远不会消失，但总会产生新的、尝试性的解决方案。

这种先产生张力然后予以消解的模式，也许在音乐中体现得最明显。音乐与其他艺术的不同之处在于，它的内容与一般人类经验没有明显的联系，并且很难用语言来描述。人们认为，视觉艺术最初是具有生物适应性的，因为它可以帮助人们更好地掌控外部世界。语言艺术则在一定程度上源于人们相互交流的实际需要。有人可能会说，从生物学角度看，识别声音和区分不同声音的卓越能力是有用的；但是，我们很难将构成音乐的声音模式的塑造过程与外在世界中任何一种明显的生物需求联系起来。与其他艺术相比，音乐的模式似乎只与人的内心世界有关，较少受到个人和外部因素的影响。或许这就是英国文艺评论家沃尔特·佩特（Walter Pater）心中所想，所以他才在《文艺复兴》（*The Renaissance*）里写道："一切艺术都不断地追求音乐的境界。"

近年来，已经有很多关于音乐的意义的论述，但对音乐真正的意义究竟是什么，甚至在专业人士之间也存在相当大的争议。有些人坚持认为，音乐模式与人类情感无关，我们对音乐的欣赏是纯粹的审美。按照这种观点，音乐不存在任何超越自身之外的意义，听众喜爱一部音乐作品，只是因为他欣赏这部作品的结构。当然，对音乐形式的欣赏是音乐欣赏的一个重要方面，但不能认为它完全可以解释我们对音乐的反应。音乐会激发情绪，事实上，它会产生一系列可以测量的生理反应，包括脉搏、血压、呼吸频率的变化、肌力等。只注重音乐的美学形式而忽略其情感内容的观点必须摒弃。

有些人认为音乐只是交流情感的一种方式。作曲家体验到某种强烈的情感，然后通过音乐作品表达出来。而且，当这部作品被演奏时，作曲家最初感受到的那种情感会在听者心中升腾开来。从这个观点来看，音乐是一种充满情感的语言。英国音乐学家德里克·库克（Deryck Cooke）在《音乐的语言》（*The Language of Music*）一书中证明，在西方传统中，对这种音乐的语言，人们至少有一些共识。也就是说，不同的作曲家会用同一类乐句和音程表达相同的情感含义。

在《音乐的情感与意义》一书中，伦纳德·迈尔提出了更深入的见解。他认识到音乐不仅是情感的语言，是唤起情感的一种方式，而且还与情感的消解有关。"音乐可以激发或者抑制人们的倾向，并提供有意义的和恰当的解决方案。"迈尔教授在这里使用了"抑制"这个词，因为他接受了情绪理论，该理论认为，只有当一种倾向或者欲望的唤起与它的实现之间存在间隔时，情绪才会被唤起。作曲家唤醒了我们的情感，也唤醒了我们对满足这些情感的期待。但他们推迟了我们所期待的满足，从而增加了紧张感。最终，作曲家为我们提供了消除紧张感的方案——通常是通过主题的回归——最后，一切都重归美好，紧张感也消散殆尽。在古典音乐中，乐曲在不同的音调间多次变换之后，最后会回到主调的主和弦，这是让听众内心的紧张感得以圆满消解或者"回归"的最常见的方式。不过，通过节奏模式的解体和恢复，也可以达到这样的效果。在第九章，我引用了迈尔教授对贝多芬《C小调四重奏》第五乐章的分析，这是一个很好的例子。在《音乐的情感与意义》中，还可以找到许多其他同样具有启发性的内容。

这是音乐中模式塑造的一种形式，首先表现出内在的紧张感，然后给予象征性的消解：之所以可以达到令听众满足的效果，部分原因是这样的安排会让人重新获得安全感。作曲家是在证明，紧张感是可以消除的。并且，通过聆听他的作品，我们对他产生了认同，因此能够分享他的信念。

正如人们期望的那样，很多人都通过不同的方式表达同样的观点，即音乐能够消解紧张感，也是让体验统一化的一种方式，因为它与深层次的人类情感有关——人们对此知之甚少，并且语言在表达这样的情感时显得太过苍白。苏珊·朗格把音乐称为"最高级生命的反应，即人类情感生活的象征性表现。正像集聚在一个腔体中的那些片断的、独立的功能器官不能构成'肉体生命'一样，相互间没有关系的情感同样不能构成'情感生命'。音乐的最大作用就是把我们的情感概念组织起来，使之不仅仅是对情感风暴的偶然觉察，也就是使我们透彻地了解什么是真正的'情感生命'以及作为经验的主观统一。而这则是基于与把物理存在组织成一种生物学图式——节奏——相同的原则做到的"。

在音乐中，节奏并不是形成统一和组织的唯一因素，尽管它无疑是一个非常重要的因素。但苏珊·朗格已经清晰地抓住了这个关键点。有人可能会说，人类的情感生活往往是断断续续、非常混乱的，或者说看起来是如此，因为他天生难以同时适应外部世界和内在世界。而音乐和其他艺术提供了联结外部和内在的桥梁，并且通过将迥然不同的元素组合成一个整体，为"经验的主观统一"提供了一个范例——这种统一是我们所有人努力的目标，但经常不可避免地偏离这个方向。

一位作曲家有过类似的体验，他写道："对我而言，音乐带来的愉悦与这样一种感觉紧密相连：一位伟大的作曲家是时间的掌控者——这个事实总是让我感到无比惊讶。不仅如此，他还让两种时间变得协调一致——一种是外部时间（我们称之为客观时间），另一种是个人时间（我们称之为心理时间）。前者通常是固定的，它束缚着我，后者则更多地与内在的感受和情绪起伏联系在一起。伟大的作曲家把这两者结合在一起，增强了我的幸福感，也向我分享了他对时间的掌控感。"

因此，音乐并不是一种升华，也不仅仅是其他事物的替代品，尽管升华可能对音乐有帮助，就像对所有的艺术一样。从真正的意义上讲，人类的创造性成果都是自成一体的，既涉及外部世界，又涉及内在世界。然而，就像温尼科特的过渡性客体一样，它并不单单属于两者之一。在《音乐与交流》（*Music and Communication*）一书中，特伦斯·麦克劳林（Terence McLaughlin）开始研究音乐的模式如何与大脑自身的活动模式相应。想要充分了解大脑是如何运作的，从而全面认识这两组模式如何相互作用，我们仍然有很长的路要走。不过毫无疑问的是，我们必须同意麦克劳林先生的结论："当合作发生时，意识和无意识在一段时间内沿着同一轨道并驾齐驱，此时我们就会获得一种完整感和满足感，这就是我们在面对伟大的艺术和其他超然的精神状态时产生的感觉。经过翻译、分析和修剪的音乐模式，能够同时模拟多层次的情感模式。因此，当我们聆听音乐的演奏，或者纯粹在脑海中回想起这段音乐时，各个层次的意识和无意识都能处于和谐之中。在这个时候，由于意识和无意识之间的冲突暂时停止，我们体验到了统一感。"

从这些各有差异却彼此类似的说法中，我们可以看到人们正在形成一种共识。这种观点充分考虑了童年的内心冲突对创造性的贡献，但同时也承认这并非故事的全部。到目前为止，尽管有完形心理学家的研究，我们仍然对构成审美活动基础的心灵的模式塑造功能知之甚少。但我们确实知道，至少在某种程度上，它不受自觉意志的控制，而它的起源——无意识，也不能再被简单地看作压抑的产物。人类的内心是分裂的，这不可避免，而且往往也是一种不幸。但是，这种内心的分裂不断地促使人类运用想象力提出新的理论。或许，人类富于想象力的努力所产生的创造性成果永远无法让人类变得完整，但它们却给人类带来了深切的安慰和莫大的荣耀。

后　记

安东尼·斯托尔，生于1920年，逝于2001年。他是英国首屈一指的心理学家、精神病学家和作家，曾担任牛津大学研究员，英国皇家内科医学院、皇家精神科医学院和皇家文学学会资深会员。此外，他还是一位电台主持人，以悲悯之心帮助了很多患有精神疾病的听众。

他出版的主要著作有：《荣格》《弗洛伊德》《丘吉尔的黑狗》《人格的完整性》《人类的破坏性》《孤独：回归自我》《创造的动力：天才、疯子与精神病》《音乐与心灵》《精神治疗的艺术》《泥足》。

斯托尔接受了心理学家弗洛伊德的理论，同时深受分析心理学创始人荣格影响，但他没有墨守成规，而是坚决拒绝职业中的教条主义，对已有的精神疾病划分极不赞同。作为一位精神病学家，他专注于分析人类的负面情绪，以富有创造力的理念治疗相关疾病。

他的研究领域涉及从性欲错乱症到人类的侵略性、从人类对于孤独的需求到创造的冲动等方面。阅读他的作品，我们可以感受到他对饱受精神疾病折磨的人的同情。他始终秉持着一个信念——艺术和知识能够治疗心理疾病。

探索人类创造动力的《创造的动力：天才、疯子与精神病》，是安东尼·斯托尔最具颠覆性和创造性、最通俗易懂和引人入胜的心理学专著。具体表现在以下几个方面：

首先，本书驳斥了一个流行的观点，即有创造力的人必然受到神经症的困扰。他说，虽然创造力可能源自对权力、财富、声望或者性爱的渴望，但归根结底，它是一种既滋养又安慰人类灵魂的复杂动力。换句话，创造本身就具有自我疗愈的作用。

为此，他考察了"007"系列小说的作者弗莱明、20世纪最伟大的作家之一卡夫卡等人的心灵世界。在分析大量的传记材料后，他指出，弗莱明创作"007"系列小说，完全是出于一种补偿心理："虚构的英雄詹姆斯·邦德不会有这样的顾虑，他是弗莱明愿望满足的幻想，弗莱明想让自己成为那样的人。"而补偿本身，其实就是一种疗愈的手段。

对从小就备受父亲管控和压抑的卡夫卡来说，创造《审判》《城堡》《变形记》等文学杰作，既是对专制、粗暴、爱控制的父亲的一种逃离，同时也是对自己软弱和自卑的创造性升华。尽管在现实生活中，他不得不屈从于他父亲主导的某种不可控的、荒谬的、强大的现实，但是在文学作品里，他可以尽情发挥，用自己的创造性才能完美、真实地呈现这种现实，然后尽其所能地对这种现实进行批判和嘲讽。

其次，对于到底是什么驱使艺术家创造杰作，又是什么驱使科学家提出突破性理论，在深入探究莫扎特、巴尔扎克、罗素、牛顿等诸多天才的真实生活，分析他们的心灵结构、性格特点与精神疾病的联系后，作者得出了一个令人信服的结论：创造是为了弥补人类原始的缺憾，寻求内在的完整性和象征性的满足。

哲学家柏拉图说，自从人类被天神一分为二，总是在追求另一半。事实上，作为人类，任何人都有先天的局限性、脆弱性和不完整性——死亡本身就是最大的缺憾。世俗之人往往通过爱情、婚姻和生儿育女来弥补这种缺憾，在老婆孩子热炕头的人间烟火中安稳度日，而对天生敏感、悲观、理想主义且充满创造才能的异类——天才们——而言，恐怕只有通过创造才能找到存在的意义，才能稍微安顿一下自己永无止息的不羁灵魂。

罗素成为哲学家是为了获得秩序感和掌控感,爱因斯坦提出相对论是为了治愈分裂的自我,心理学家荣格创立分析心理学是为了与内心的对立面和解……从本质上看,他们都是在追寻内在的完整性,试图弥补自身存在的原始缺憾,超越时间和空间的限制,获得某种超越性的意义。

再次,对于什么是天才、什么是疯子,以及他们与精神疾病的相关性,作者认为,这三者之间并没有必然的联系。正如他强烈反对针对精神疾病的强制治疗时所说:"那些精神正常的人比我们想象的更加疯狂——他们都是疯狂的正常人。"

由此不难推论,所谓精神病,其实不过是绝大多数所谓"正常人"对极少数"不正常人"所下的心理诊断,而这个诊断本身,实质是一种社会规训,体现的是多数式的权力秩序,并不是平等原则。

当然,不可否认,天才往往被世人视为疯子,这主要是因为我们无法真正理解天才的所思所想所行所作——他们的言谈和观点往往超越于常人,他们的创造性成果往往超越于时代。正因如此,他们才像伽利略那样被视为疯子和精神病,严重者甚至被送上火刑柱或绞刑架。

最后,不得不说,这虽然是一部心理学著作,但读起来非常令人陶醉。一方面,这本书并非那种正儿八经的学院式学术专著,而是集心理分析、人物传记、文化批判和艺术鉴赏于一体的大众学术作品,所以可读性非常强;另一方面,作者在本书中插入了诸多意蕴无穷的诗歌、文学和艺术评论,所以读起来不但不枯燥无味,反而别有一番风味。

阅读《创造的动力:天才、疯子与精神病》,你会发现,归根结底,我们所做的一切,不过都是变相满足或对抗生本能和死本能。而对爱因斯坦、梵高、莫扎特、卡夫卡等天才来说,与我们不同的是,他们可以借助自己的天赋才能超越生本能和死本能,通过创造一个属于自己的宇宙,获得一种足以笑傲生死的永恒意义。

　　幸运的是，即使我们不能成为天才，也可以进入诸多创造性天才斑驳陆离的隐秘内心，理解他们的伟大、痛苦和孤独。如果我们尝试用他们超凡脱俗的眼睛看待宇宙和人生，说不定还可以体验生命的另一种活法。